Can And Tuna：Extreme Express

罐頭鮪魚 1

極速配送篇

SDS——著

晨星出版

目錄

灰米小隊

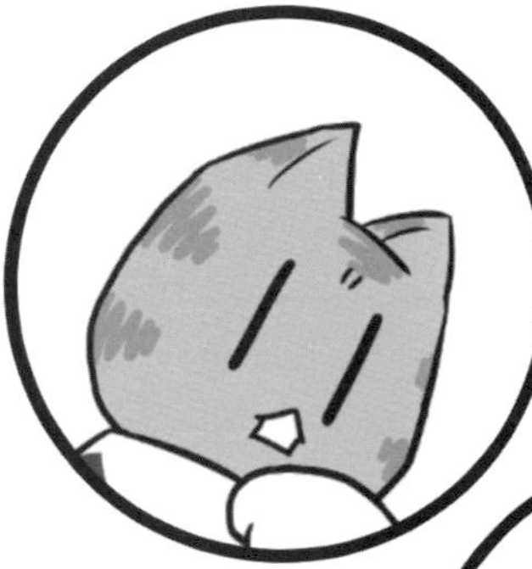

隊長一灰米 ♂
魔法一防禦系

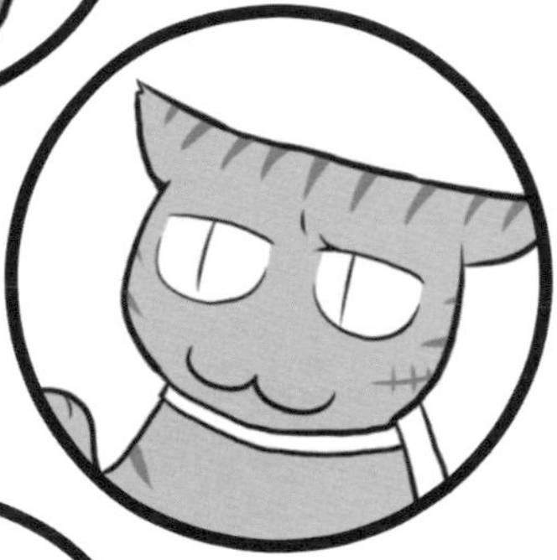

隊員一歪桔 ♂
魔法一招喚系

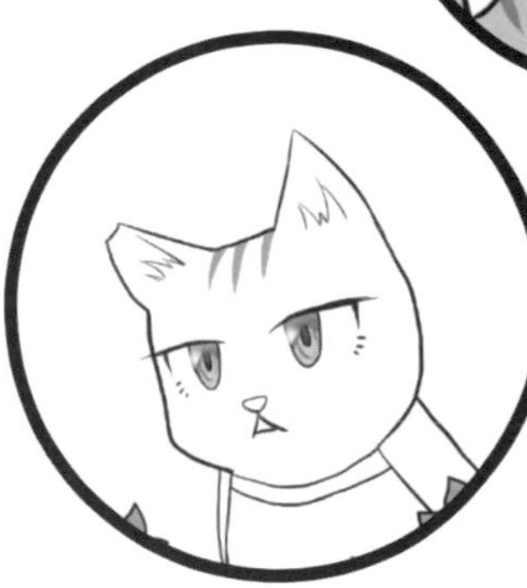

隊員一露沐 ♀
魔法一爆擊系

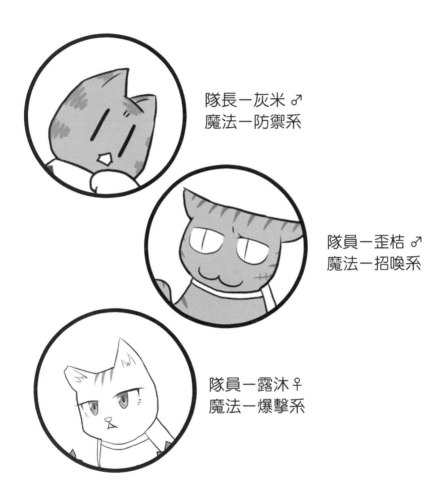

你們過來一下。
今天我想來教你們怎麼開罐頭喔！
這樣以後你們想吃就可以自己來啦～
！
！
…
那我們就開始吧！

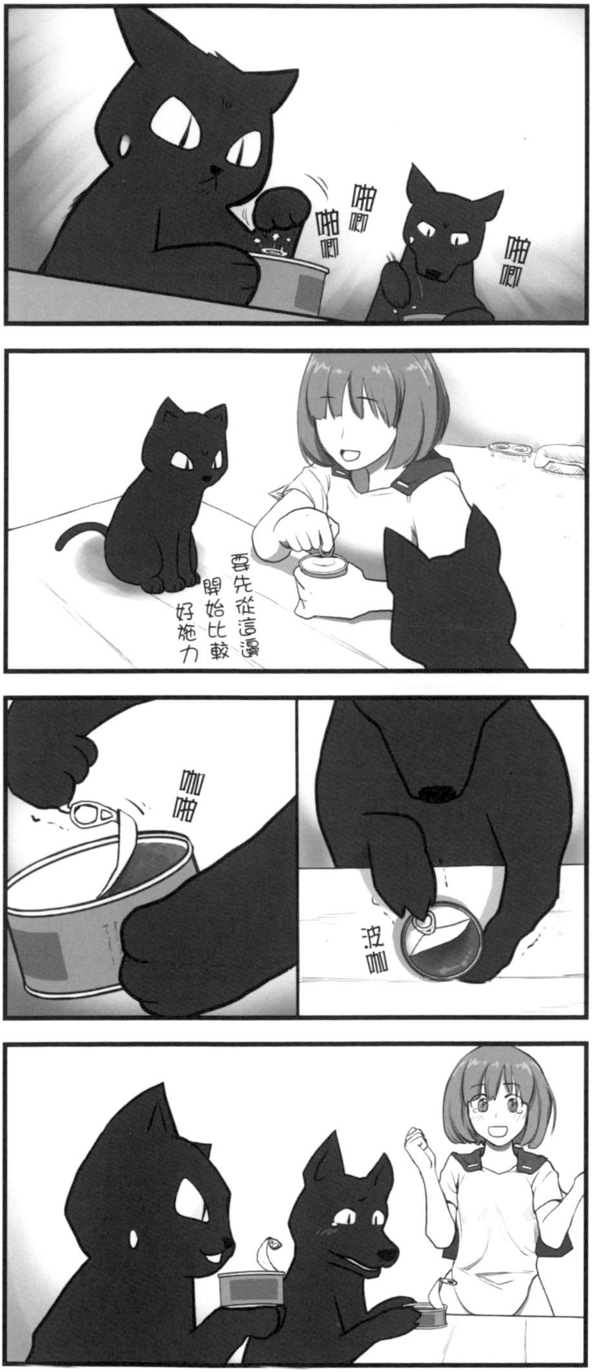
啪唧
啪唧
啪唧
要先從這邊開始比較好施力
咖啪
波咖

…沒想到你們真的能學會…
太感動了……
終於…，終於學會怎麼開罐頭了…
在這裡等了這麼久…，總算…
這下沒有什麼能阻擋我們了！
！
咦？

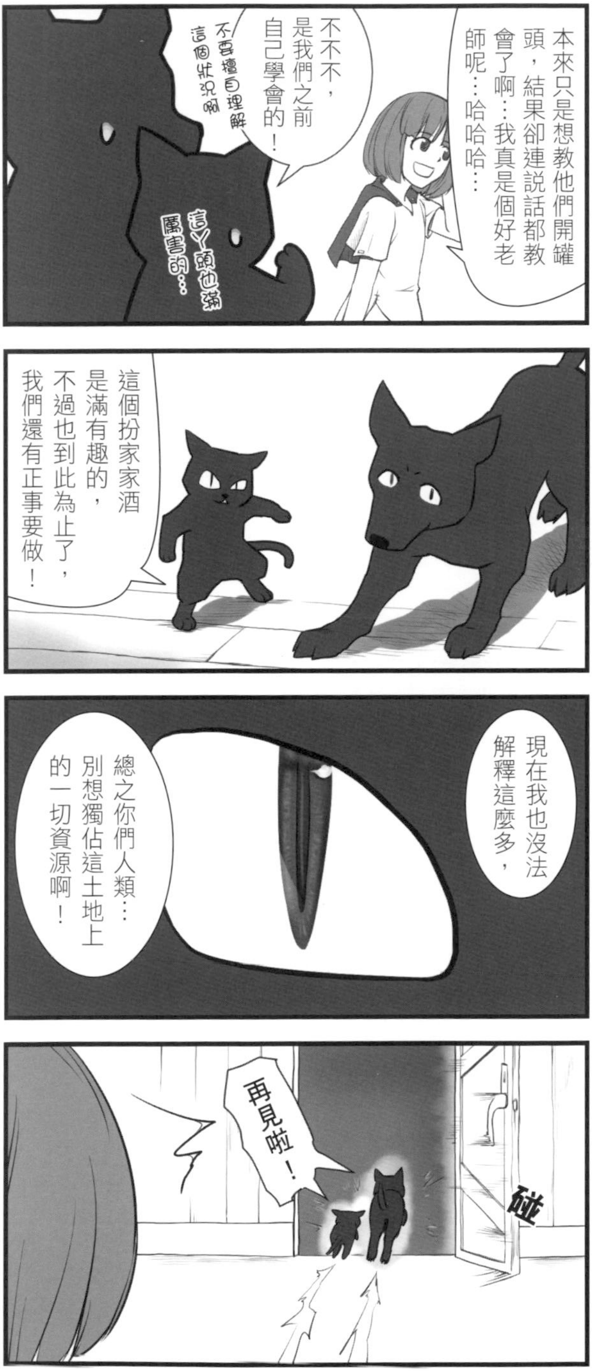
本來只是想教他們開罐頭，結果卻連說話都教會了啊…我真是個好老師呢…哈哈哈…
不不不，是我們之前自己學會的！
不要擅自理解這個狀況啊
這丫頭也滿厲害的…
這個扮家家酒是滿有趣的，不過也到此為止了，我們還有正事要做！
現在我也沒法解釋這麼多，
總之你們人類…別想獨佔這土地上的一切資源啊！
碰
再見啦！

呆…
…
雖然之後我們不一定是盟友，但等到共同目的達成之後，再當敵人吧！
在那之前不要讓我們的努力白費了啊…
…啊啊

……咦？

三年後
大家先來自我介紹一下吧！
名字跟綁定魔法
我是小隊長灰米，
魔法是「絕對防禦」。
我叫露沐，魔法「會心一擊」。
歪桔，煉金術師。
嗯？等一下！

煉金術不是魔法吧…
啊啊～因為叫煉金術師比較帥嘛！
實際上是招喚術啦 別在意
超級在意的啊！不要第一天就讓我對你充滿不信任感啊！
你這樣以後是要怎麼配合！
我看看，指令說要先前往的地方嘛…
這裡
…也太大約了吧！

在這個平行世界之中，各個大陸內的國家都已簽定和平條約數十年。

世界資源平均分配，
各個國家高度交流，資訊透明完整，公共福利制度完善。

在人們紛紛將時間轉向提高生活水準的同時，
世界也開始思考，如何能減少消耗，保存更多的資源。

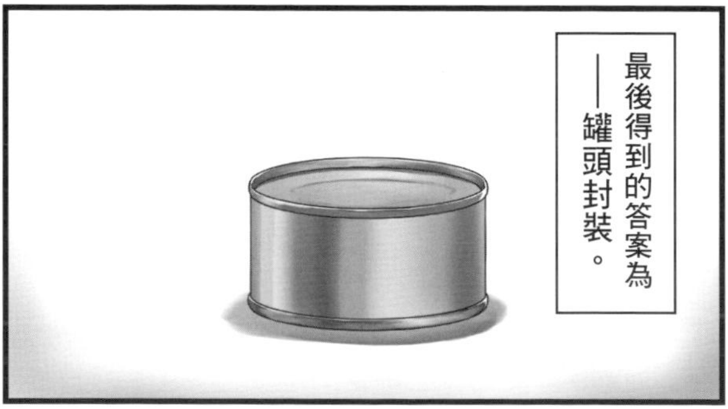
最後得到的答案為——罐頭封裝。

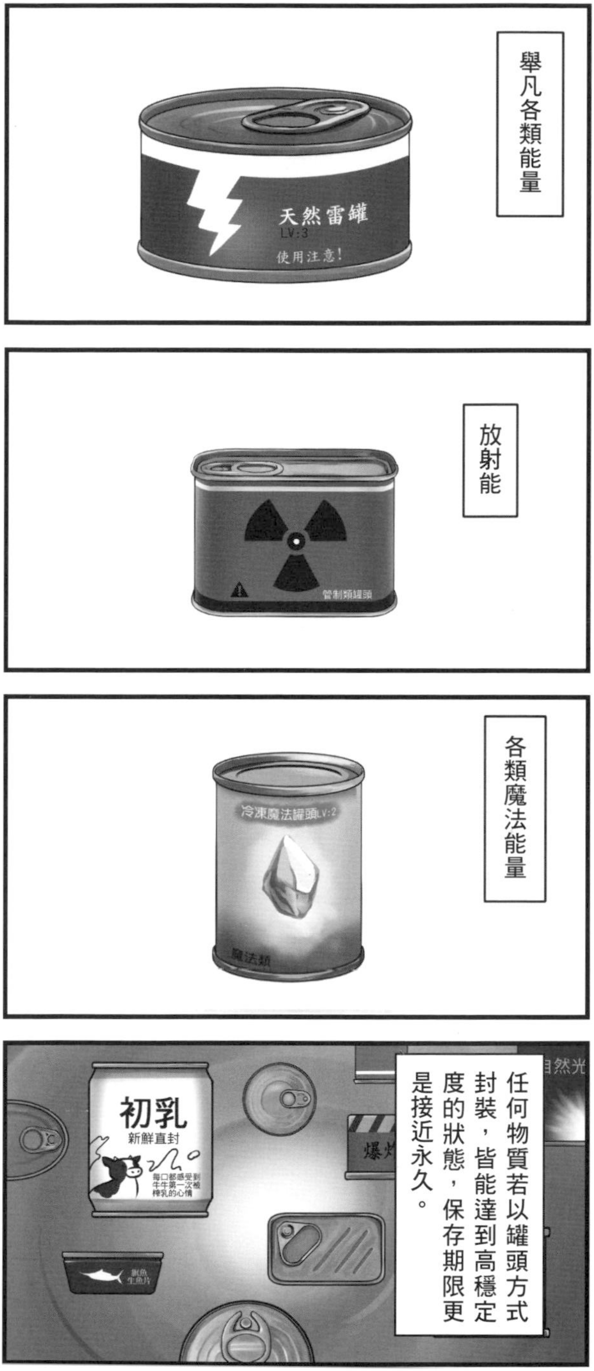
舉凡各類能量
天然雷罐
LV:3
使用注意!
放射能
管制類罐頭
各類魔法能量
冷凍魔法罐頭LV:2
魔法類
任何物質若以罐頭方式封裝，皆能達到高穩定度的狀態，保存期限更是接近永久。
初乳
新鮮直封
每口都感受到
牛牛第一次被
榨乳的心情
鮪魚
生魚片

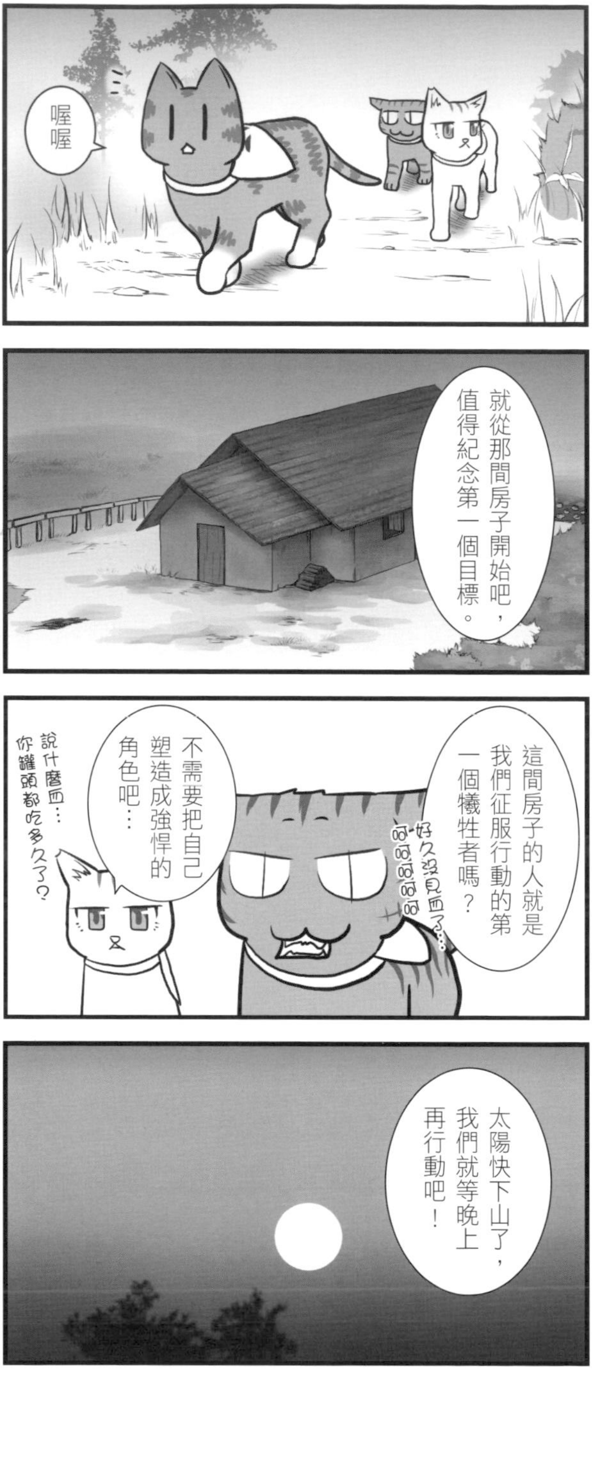
喔喔
就從那間房子開始吧，值得紀念第一個目標。
這間房子的人就是我們征服行動的第一個犧牲者嗎？
好久沒見血了……呵呵呵呵呵
不需要把自己塑造成強悍的角色吧…
說什麼血…你罐頭都吃多久了？
太陽快下山了，我們就等晚上再行動吧！

你們平常都怎麼吃罐頭的啊？
嗯…直接烤熟吧或用煮的比較簡單。
菲力
Prime
那我們今天就來吃牛排吧！
用煎的
菲力牛肉罐頭
貓草
奶油
菲力
Prime

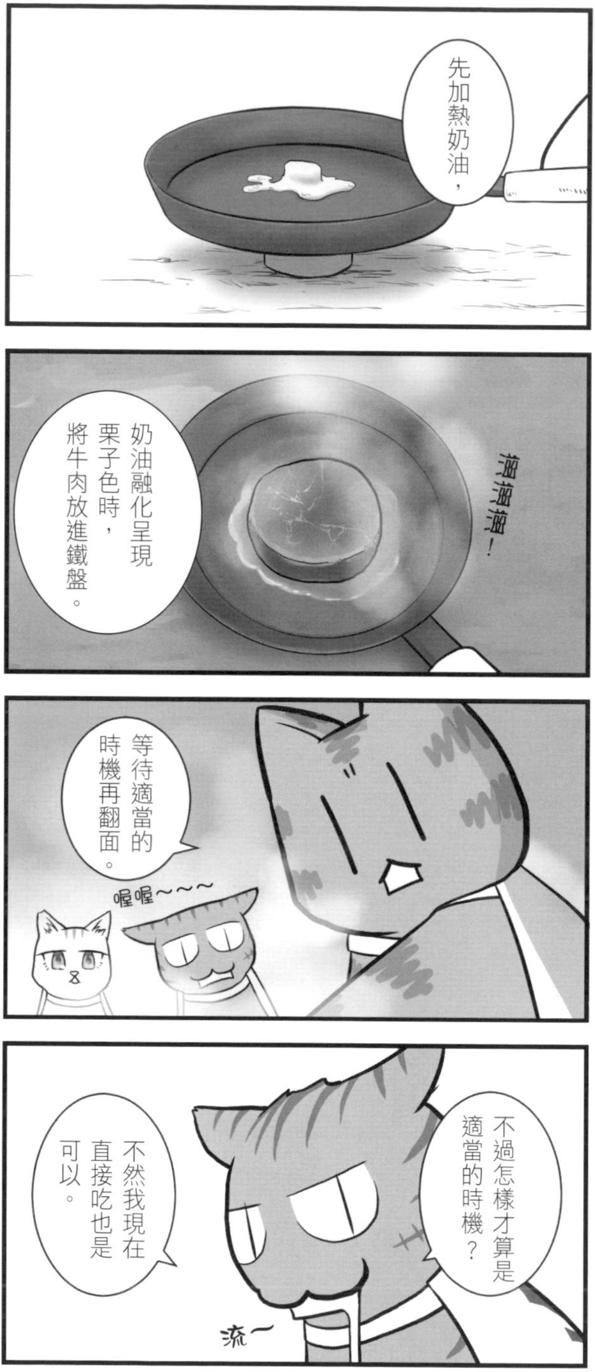
先加熱奶油，
滋滋滋！
奶油融化呈現栗子色時，將牛肉放進鐵盤。
等待適當的時機再翻面。
喔喔～～～
不過怎樣才算是適當的時機？
不然我現在直接吃也是可以。
流～

當你對料理有一定的經驗，並且每次都用心製作，
久而久之，食材就會告訴你怎樣才是最好的料理方法。
你站在我旁邊，或許你也能聽到…
哈哈哈，怎麼可能會有那種事啦！
你是想騙沒做過菜的貓吧！
好餓喔！
出現！
嗚哇啊啊！出現啦！
喔？你看的到嗎？
煎個牛排為什麼會出現這個啊？而且外型太奇怪了吧？食材＋牛？
嗯～這面差不多了，該翻面了喔！
有一個聲音在告訴我，這塊肉差不多該翻面了。
你倒是給我正眼看他啊！這傢伙出來就只為了講這件事而已嗎？

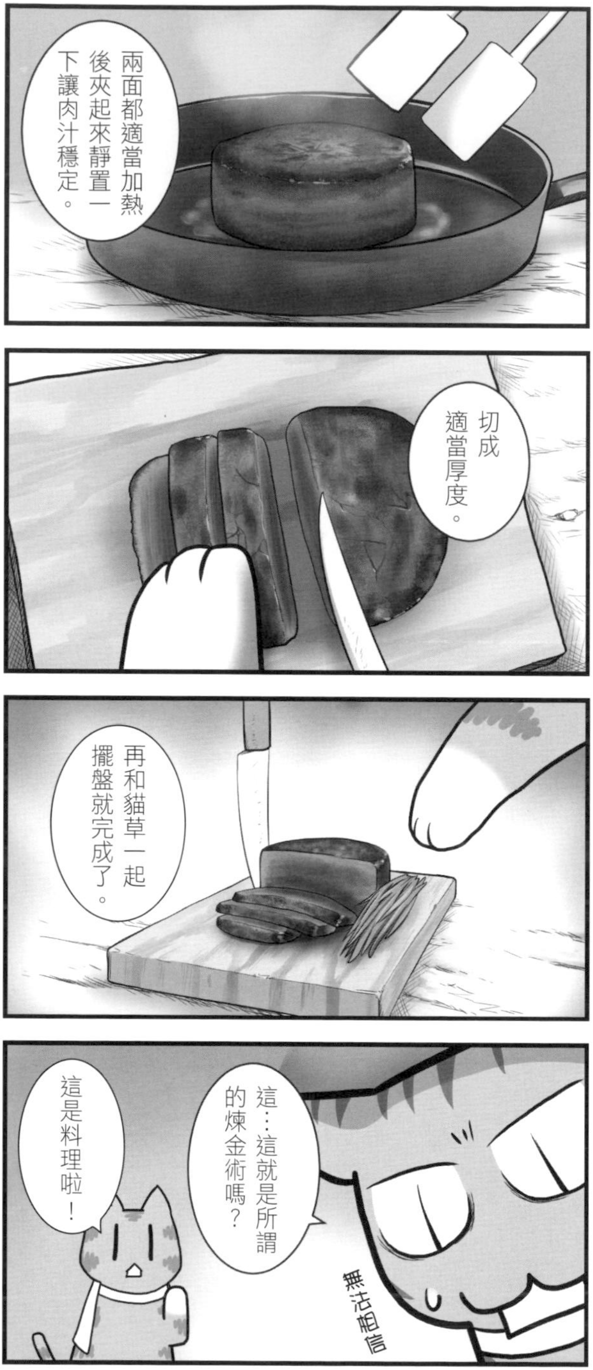
兩面都適當加熱後夾起來靜置一下讓肉汁穩定。
切成適當厚度。
再和貓草一起擺盤就完成了。
這…這就是所謂的煉金術嗎？
無法相信
這是料理啦！

好像滿簡單的…我應該也可以做到吧！
嗯？那妳要試試看嗎？
咦？嗯？
滋滋滋
怎麼好像…
這…這就是所謂的煉金術嗎？
無視等價交換的規則，整個把價值拉低了啊！
將蛋白質轉化為炭的…
（小聲）這是料理啦…

火焰魔法罐頭應用

敲數個小洞！

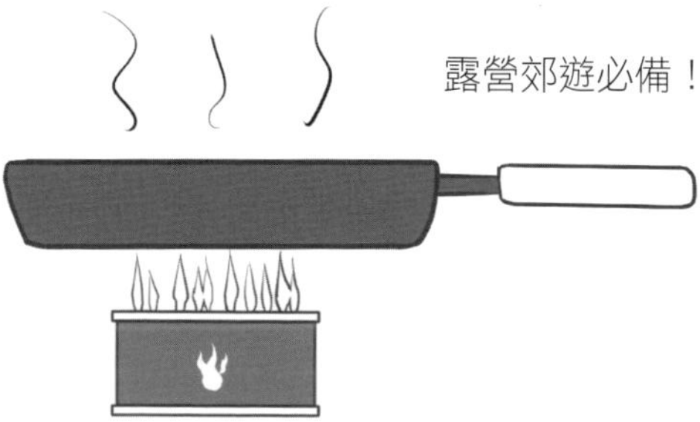

露營郊遊必備！

……那些食材
都會跑出來嗎？
……

差不多了，走吧！
我們從窗戶進去。
嘶

小心點，不要發出聲音了，看我示範。
嗯？
只要用這動作走路，就可以最小的聲音移動。
靜~~~
等一下…不需要那種姿勢也不會發出聲音好嗎！
是這樣嗎？
腳再墊高一點才對！
不需要學啦！在目標家中作特訓你還是算了吧！
你有沒有聽到講話的聲音…
我去看一下好了。

誰在那裡？
啊——————————！
怎麼有這麼多貓？

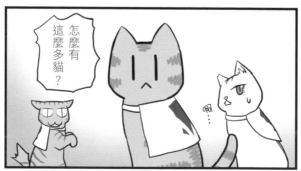

露沐別放在心上，被發現不是你的錯。
你不需要在他們面前裝可靠的隊長吧！
而且剛剛還不是你害的…
呵，這些貓有個很可靠的隊長呢…
你又知道什麼了啦！
你、你們在這邊做什麼…？
而且你們還會說話…？

這地板好涼
這個嘛…
只能說並不是針對你們，
像我們這樣以小隊單位行動的貓隊伍已經開始分佈在各個大陸與國家，
目前我們只是先讓人類知道我們的能力，
藉由強制拿取人類住家的物品做為戰利品，而戰利品…
當然是這屋子裡最有價值的東西…
!?

我們平常都是務農，根本沒什麼有價值的東西啊⋯
舔～
笑～
也不是沒有別的方法，只是你們不一定做得到⋯
拜託，請告訴我那個方法是什麼？

只要你能讓我發出呼嚕聲，我們就不拿你們的東西直接離開。
!?
但是我，我從來都沒摸過貓啊！
那是你的事吧！給你機會就該偷笑了。
喂，灰米沒問題吧？
放心吧！
我的決心…你無法想像的。

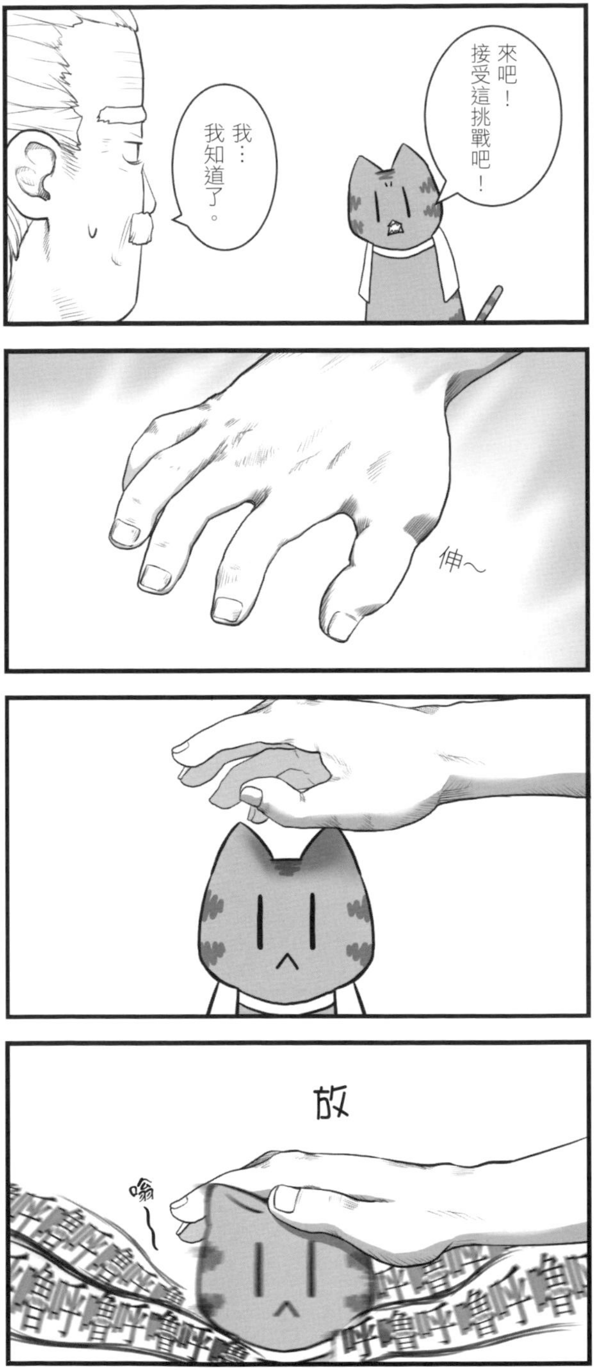
來吧！
接受這挑戰吧！
我…
我知道了。
伸～
放
嗡～
呼嚕呼嚕呼嚕呼嚕

不好意思，暫停一下，我身體好像怪怪的，
嗡～
你呼嚕到連聲音都變了啊！
你這廢物！根本就超開心的嘛！
不是啦，你聽我講…
是呼嚕聲擅自打從身體深處發出來啦！
我也沒辦法…
那不就表示你很喜歡嗎！
我們應該沒事了吧？
這樣我們不是很尷尬嗎！
嗯…

算你厲害，我們要離開了。
喔喔…
人類啊，好好珍惜差點失去的東西吧！
嘖！
轟隆隆～～～
嘩～～～～

歪桔，剛剛的挑戰太簡單了吧？
嗯啊，根本是送分題。
露沐，我們本來是計畫明天離開吧？
…嗯
那個…你們在這邊待一晚再走吧。
可以嗎？我正這麼打算耶！你會讀心魔法嗎？
我不會魔法啦！我只是有常識而已。

有吃的嗎？要無調味的喔！
好…
幫我開這個。
現在還不冷吧…
有毛毯吧？要柔軟但表面有點粗糙那種。
我找找找看…
…
怎麼了？
抓
抓

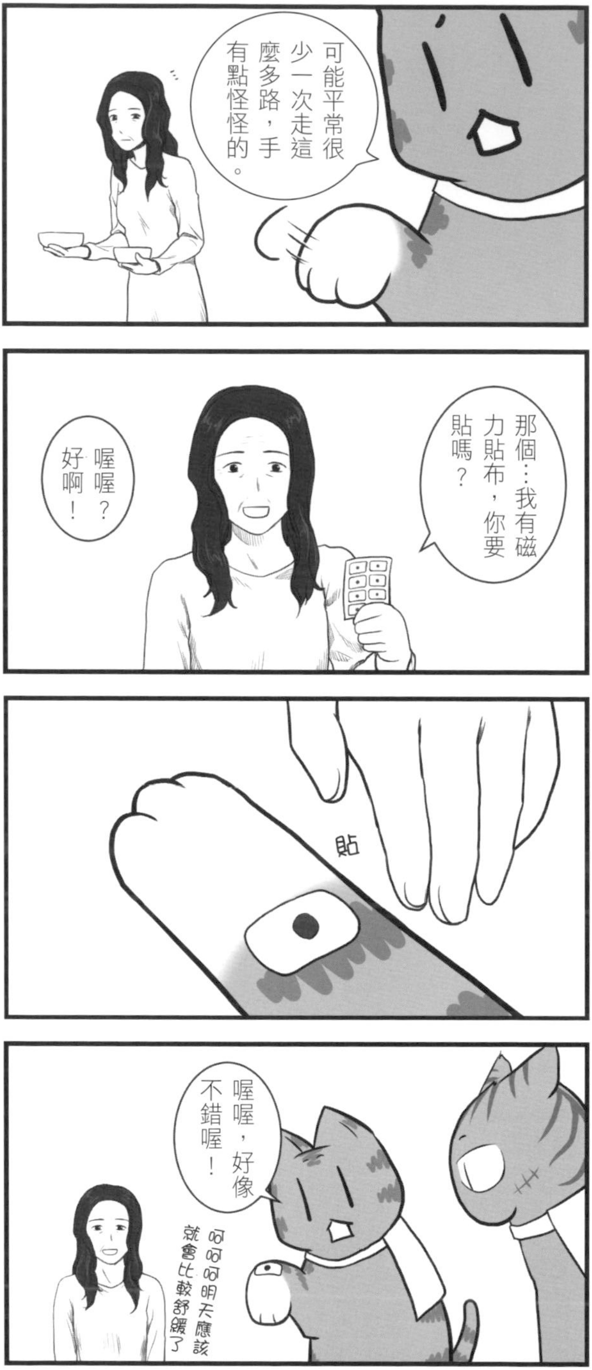
可能平常很少一次走這麼多路，手有點怪怪的。
那個…我有磁力貼布，你要貼嗎？
喔喔？好啊！
貼
喔喔，好像不錯喔！
呵呵呵明天應該就會比較舒緩了

…
緊繃
緊繃
晃
啪
……我還是不要貼好了。
嗯……

嘶…
他們都睡了，希望明天他們會直接離開。
啊啊！
明天等他們走了，我就直接去通報。
嗯…
先睡吧…

嗚嗚…
好重…
肚子餓了啦！
你再不起來橘色的就要來了
抱歉…不過你們還沒有要離開嗎？
現在還早吧！
等一下啦！不要抓我衣服，有夠重的！
快給我啊！
你這什麼態度！
…
他跑到那邊了。
扁死這隻蝴蝶！

…
我們該離開了。
！
要回去了嗎？
終於

人類啊，好好珍惜差點失去的東西吧。
走了啦！
那個…
這魚你們路上吃吧…
哇哇？好棒喔！
好像是喔！
肚子好像又有點餓了喔！

你覺得有需要通報嗎？
不用了吧！別浪費社會資源了。
要是以後有機會…來養隻狗吧…
嗯啊…

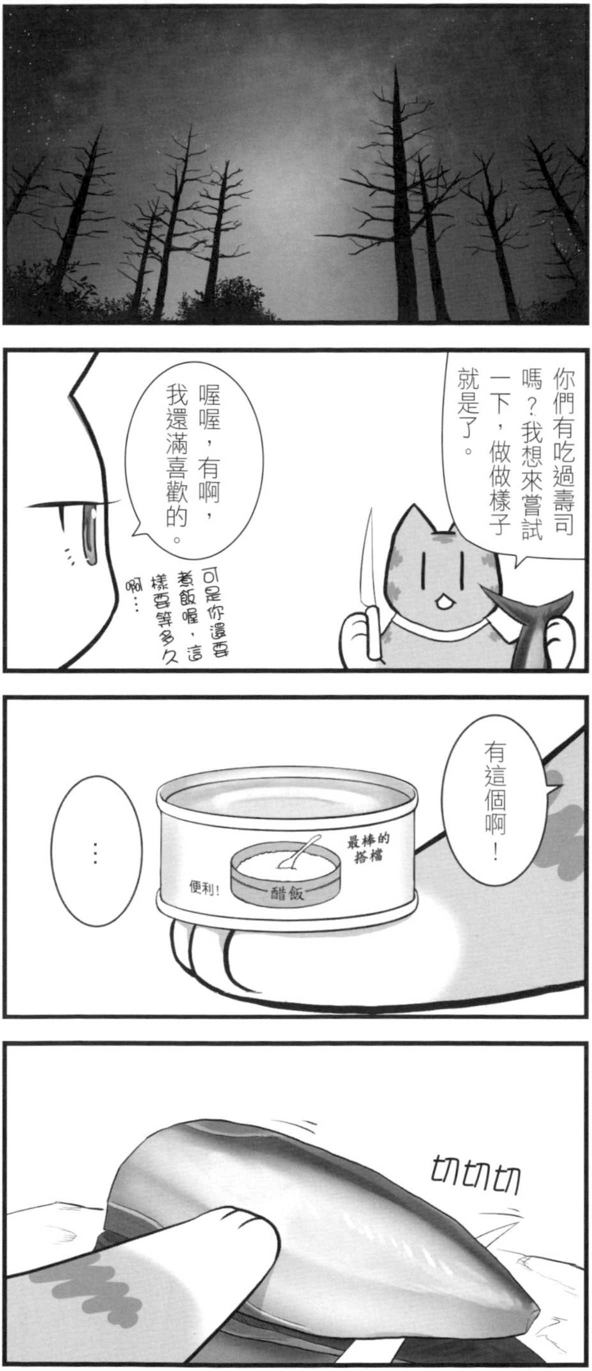
你們有吃過壽司嗎？我想來嘗試一下，做做樣子就是了。
喔喔，有啊，我還滿喜歡的。
可是你還要煮飯喔，這樣要等多久啊…
有這個啊！
最棒的搭檔
便利！
醋飯
…
切切切

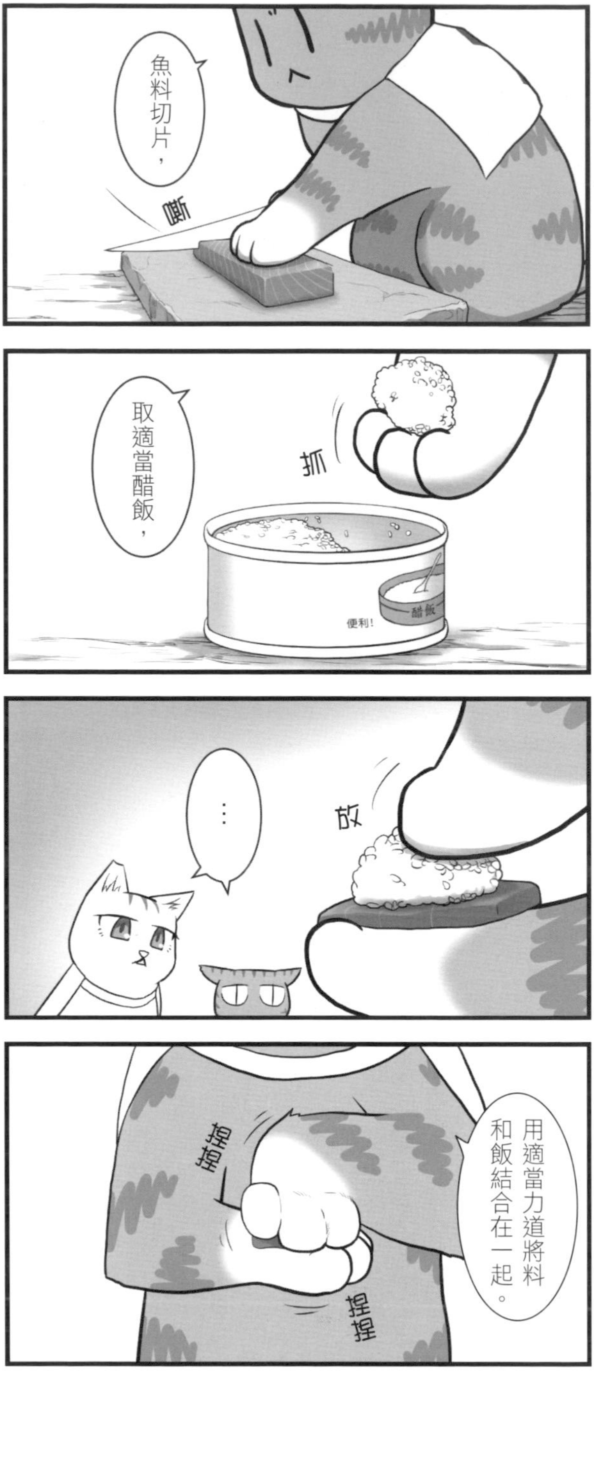
魚料切片，
嘶
取適當醋飯，
抓
醋飯
便利！
……
放
用適當力道將料和飯結合在一起。
捏捏
捏捏

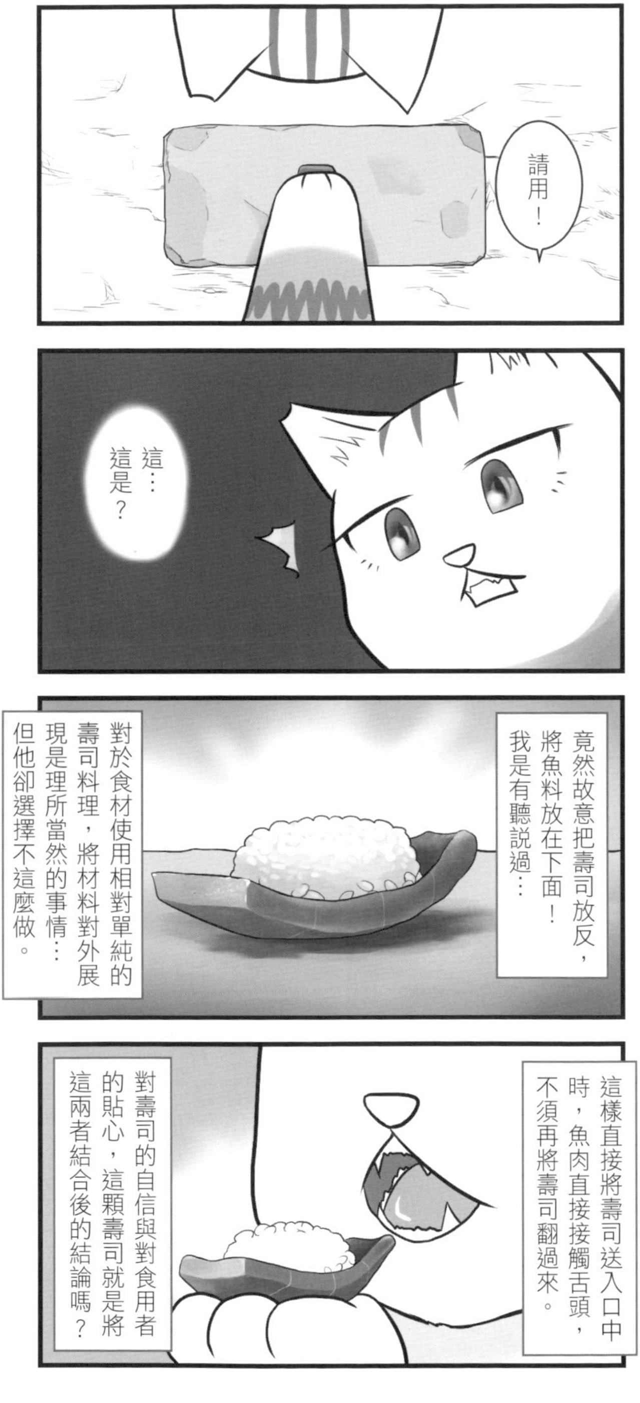
請用！
這⋯⋯這是？
竟然故意把壽司放反，將魚料放在下面！我是有聽說過⋯⋯
對於食材使用相對單純的壽司料理，將材料對外展現是理所當然的事情⋯⋯但他卻選擇不這麼做。
這樣直接將壽司送入口中時，魚肉直接接觸舌頭，不須再將壽司翻過來。
對壽司的自信與對食用者的貼心，這顆壽司就是將這兩者結合後的結論嗎？

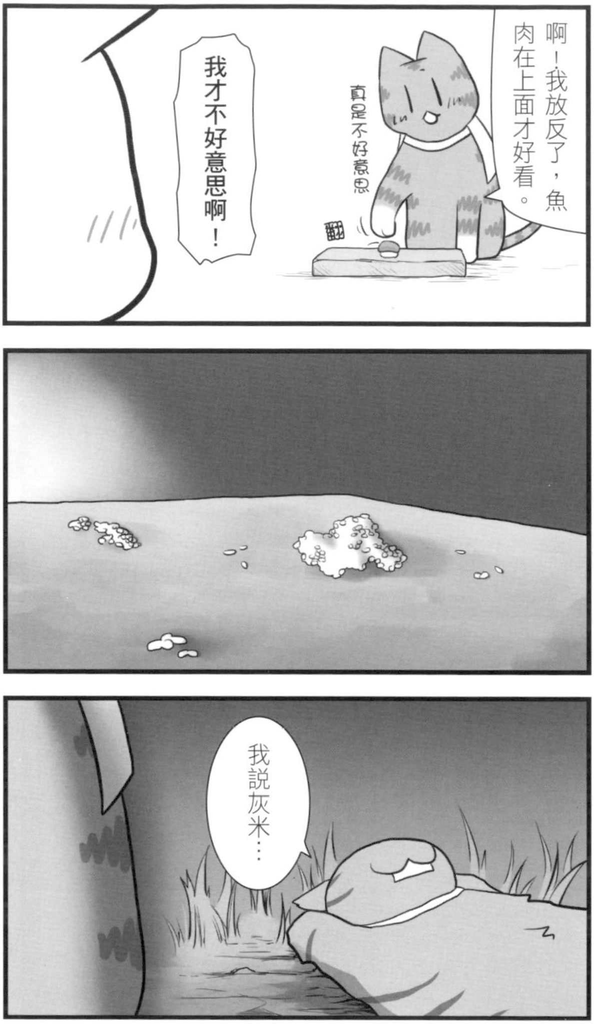
啊！我放反了，魚肉在上面才好看。
真是不好意思
翻
我才不好意思啊！
我說灰米…
你覺得這整個行動會成功嗎？
劈哩
啪哩

這樣鬧鬧人類的住家，
有辦法讓人類注意到我們的訴求嗎…？
這個世界還記得目前的和平是多麼的得來不易，對於新聲音他們會先試著理解與溝通…
前期的目的就是要讓大多數人類知道我們的存在。
當世界反應到貓有一定的力量之後，他們自然需要面對我們的訴求與接受我們的存在。
…
我只希望上面配給的食物口味可以多樣一點，不用蔬菜就是了…
哈哈，我會注意的啦。

再來就希望那些血統純正的傢伙真的有認真在思考就好了……
同時世界某處
貓數足了就快開始吧！
美瑞肯短毛貓
喬治

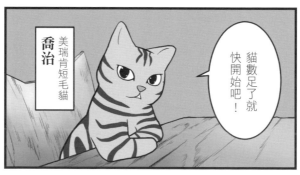

阿比西尼雅貓
祖拉
那我們就開始這次的會議。
這次總理也是不會出席…
他目前還在前線
老鼠耳朵你給我等一下！
咚！
嚇
老鼠耳朵!?
俄西亞藍貓
破亭
身為最高負責貓，卻每次會議都不在，這樣如何帶領我們前進？

還是由我破亭暫代，
我們戰鬥民族環境的鍛鍊必定能讓攻略時程大幅邁進！
那個…我一直有個問題…
嗯？怎麼了？
雖然人類都稱你為藍貓…但你是灰色的吧？
咦？
吵雜
不信任的眼神
經你這麼一說
說不過去嘛！
吵雜
等、等一下！

嗯……
緊張緊張
藍色色卡
確定了！是灰色！
以後就叫俄西亞灰貓
喔喔！太好了！總算有結論了！
可以繼續開會啦
一致鼓掌
打擊！
這樣你就從人類幫你取的名字當中解脫了，我們就可以更團結的對付人類了！
攜手向前
那我現在想退出的心情又是什麼？
說實在的，灰色也不用特地加在名字裡面，乾脆叫俄西亞貓就好了？
拿掉吧？
給我留著啦！

錯過出去的時機
啊我放反了，
真是不好意思！
我才不好意思啊！

…沒看到人，這次要速戰速決不要拖太久喔！
那邊有聲音。
探

啪
呼…
…

看他使用斧頭的方式，他的身體平衡與肌肉靈活性非常好…不會太好對付。
若要直接壓制…我可以先到他面前看他反應，談話後等到他注意力都在我身上，
你們趁機使用魔法罐頭突襲，幫我製造攻擊空檔…
這次不會像之前的夫妻一樣好對付了…
等一下…
為什麼不先試著溝通呢？
我們可不是野蠻的動物啊，露沐你做事就是太衝動了。
…

Hi！
!?
有聽過貓咪嗎？
嘖～
啊？

呃…
你說你們的目的是…？
正確地說，
我們的目的，是要讓人類知道我們依然存在，並且拒絕被定位為一般動物。
各處的貓皆從城市外圍往市中心移動，
從每間房子取走一樣物品做為戰利品，這是為了證明我們有談判的權利，
若是拒絕，我們就會盡力奪取！

話說回來，我還滿好奇你一個年輕人怎麼會自己住在這麼偏僻的地方…？
白色、橘色這兩隻…
看似要從兩側牽制我的行動…
結果只是找舒服的地方待著而已嘛！
晃~
橘色的你就直接睡了好嗎？真讓人在意！
等一下，我那籃子裡面是不是有放水果？
…

呵！我也不是不懂你們想說的，要求其實也滿合理的。
喔喔！你能理解嗎？
年輕人果然好講話
但目前看來你們就是人類的敵人啊…
我看我直接把你們抓起來還比較好吧？
!?…當然做什麼決定是你的自由，
但如果你做得到，那就試試看啊！
哼！

喀
嗡
!?
什麼…盾？
!?
出現

嘶
啪
嗡
貓拳？
啪
!?

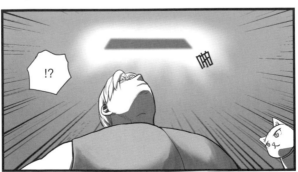

噗嘶～
噴！
…？
呵呵…
你的體力已經減至最低值了，只要再受到一點傷害…
體力值？有這種魔法嗎？還是只是在唬人？
出現

咬
咖噗
噗
歸零
啪碰！
可…可惡！

放心吧，不久後你就可以活動了。
嗯？
…你為什麼一副壓倒性勝利的樣子？
勝
做得好！歪桔，攻擊的時機掌握的太巧妙了！
沒什麼啦，只是發揮以前戰鬥所累積的經驗而已。
這邊才第二間而已吧！而且第一間你根本什麼都沒做。
9成99是我的功勞啊！
橘色的你真的很強…我一定會變得更強再來向你挑戰的！
你信不信我一把火把這房子燒了？

靠
話說回來，你剛剛有點囂張喔！想拿斧頭做啥？
…
既然你有反抗的意思，
那應該就做好了被掠奪的準備了吧。
把所有吃的都找出來！
收到！
喔喔！他在這邊藏了各種高級肉品罐頭耶！

我找到一整隻熟成的羊腿耶！
…很少看到你這樣發自內心的笑容啊。
肉真厲害
怎麼辦？根本無法決定嘛！
……
要我只選一個這種事…
果然還是選羊腿比較…可是特選牛五花罐頭也…
!?
灰米如此認真思考，一定是在想哪個選擇對我們的行動最有利吧…當隊長的都要做如此困難的決定嗎…？
我要什麼時候才能像他這樣…
全拿走！

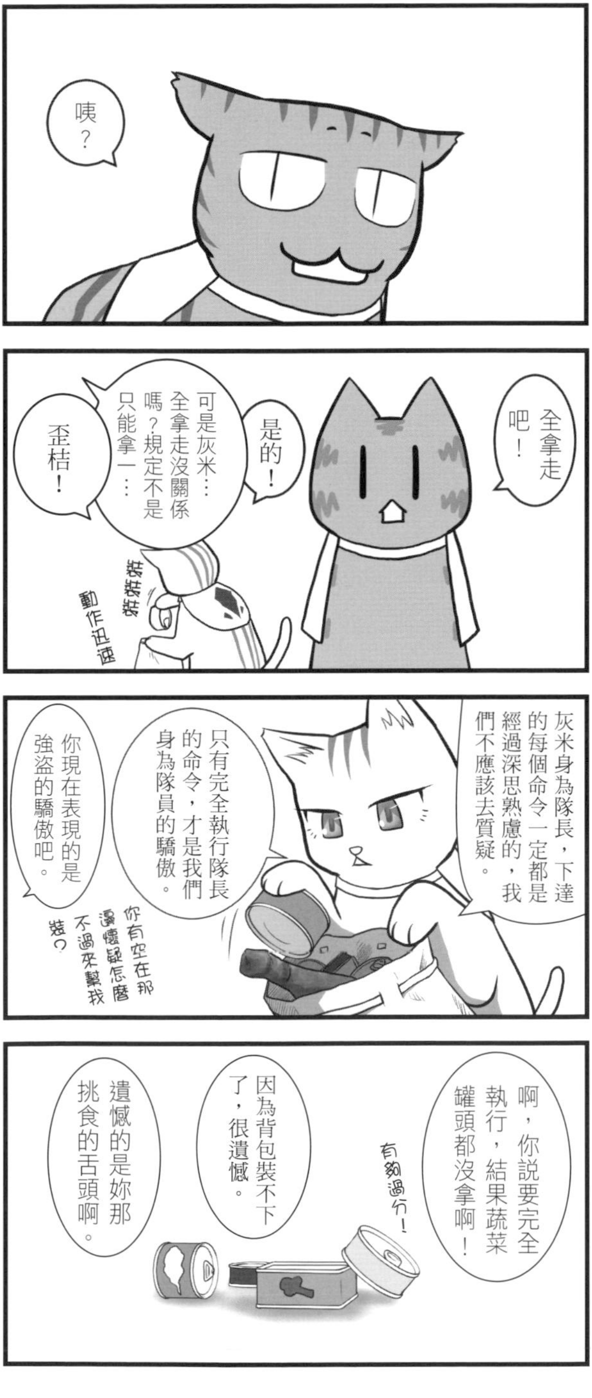
咦？
全拿走吧！
是的！
可是灰米…全拿走沒關係嗎？規定不是只能拿一…
歪桔！
動作迅速
灰米身為隊長，下達的每個命令一定都是經過深思熟慮的，我們不應該去質疑。
只有完全執行隊長的命令，才是我們身為隊員的驕傲。
你現在表現的是強盜的驕傲吧。
你有空在那邊懷疑怎麼不過來幫我裝？
啊，你說要完全執行，結果蔬菜罐頭都沒拿啊！
有夠過分！
因為背包裝不下了，很遺憾。
遺憾的是妳那挑食的舌頭啊。

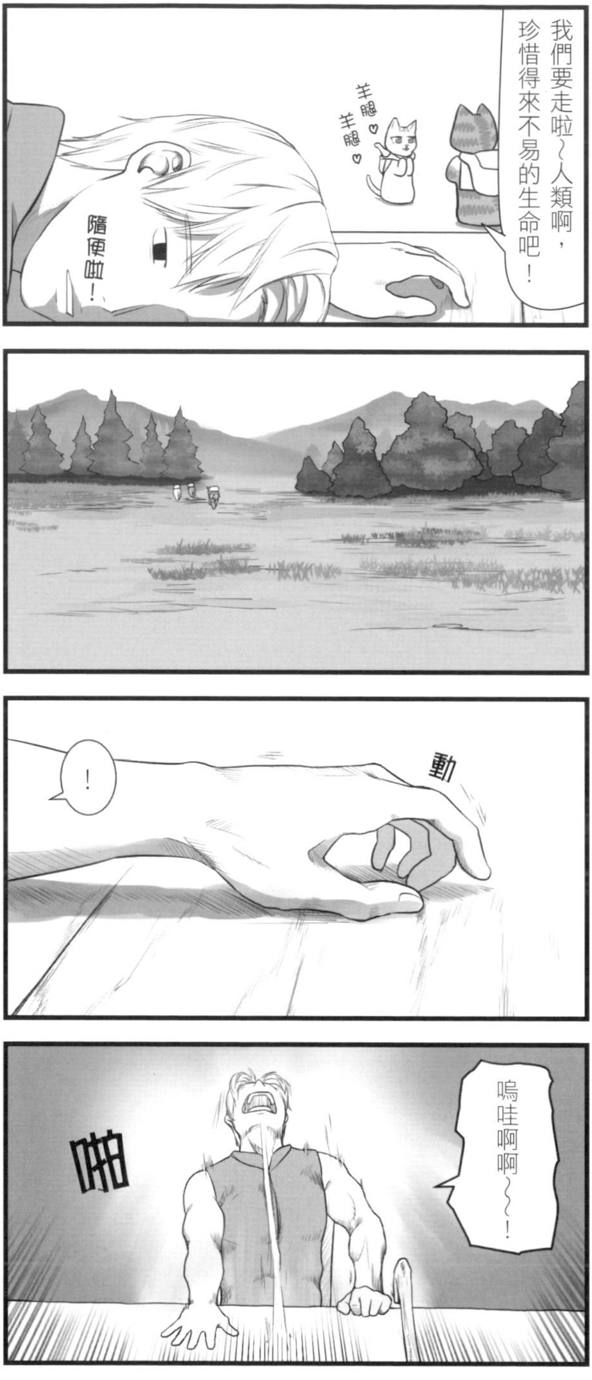
我們要走啦～人類啊，珍惜得來不易的生命吧！
羊腿♥羊腿♥
隨便啦！
!
動
嗚哇啊啊～～！
啪

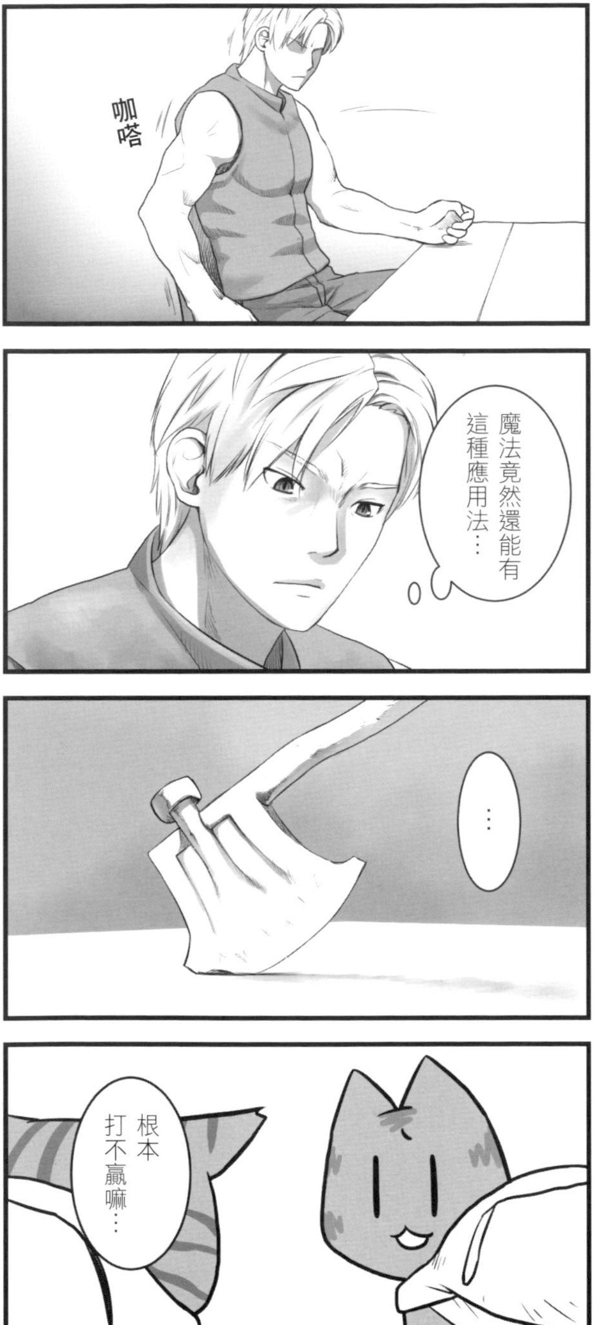
咖嗒
魔法竟然還能有這種應用法…
…
根本打不贏嘛…

白色那隻好像有點可愛⋯

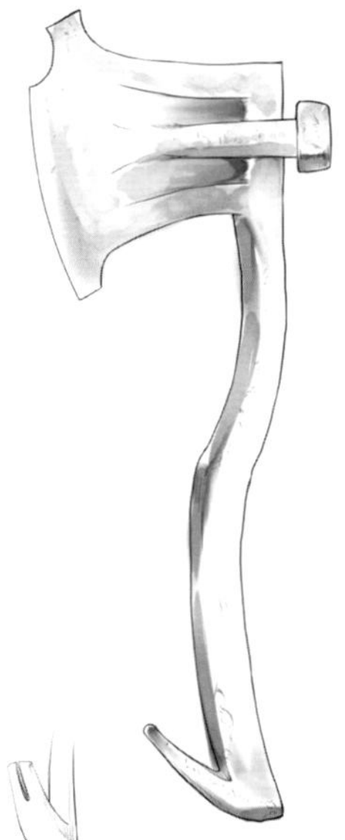

城市資訊統合局
報告局長，接獲有侵入民宅的案件通報！
什麼!?
在這時代竟然還有人想入侵民宅搶劫？看來即使國家的體制再完善，還是有人無法在這之中生活。
而且犯案被抓到可不是隨便就能了事的⋯不要命了嗎？
把狀況跟我講吧！有任何嫌犯的資料嗎？
根據報案人的敘述，犯案的是⋯

是貓，
而且是有穿披風的貓。
嗯？
通報的單位都在偏鄉地區，直到今天都還持續有新案件…
等一下等一下，你別自顧自的説下去啊！
你是説有穿披風的強盜團體，代號是貓嗎？
不是，是貓，東洋那邊念做捏口的動物。
為什麼你會覺得這樣我會更加了解貓是什麼？
這是什麼整人活動嗎？説到貓和狗，不是三年前就都消失了嗎…
怎麼忽然又跑出來了…？

咕咕
咕咕
咕
哈囉～
喔喔！這不是貓嗎？
最近怎麼樣啊？
你們還真敢啊！竟然從人類那邊搶東西。
哈哈，總是要試了才知道行不行嘛。
很多動物都在談論你們的事啊！

這也沒什麼啦！該怎麼說呢…就只是做該做的事而已啊…呵呵…
東張西望
你不要邊聊天邊找我的蛋好嗎？
心不在焉
話說回來，蛋真的適用於各種料理呢，不管是甜的或鹹的。
真心佩服
這種誇獎哪隻雞會高興得起來啊？
你拿我的蛋我絕對會啄你。
啪咖
看顏色和形狀就知道這顆蛋黃的品質很好，營養成分一定很高的。
原來如此。
滋滋滋
感謝你對貓的貢獻！這些蛋我一定會珍惜吃的！
吵死了！以後我們就是敵人了啦！
啪搭
啪搭

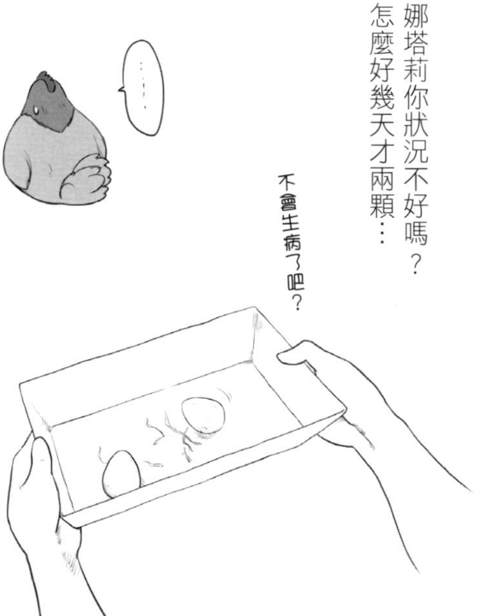
娜塔莉你狀況不好嗎？
怎麼好幾天才兩顆⋯
不會生病了吧？
⋯⋯

罐頭很少含有蛋的…
如果是肉我還比較開心…
啊！是貓嗎？
誰？不要想把食材從專業料理貓的手中搶走！
警戒
緊抱
你不是吧！
真的是貓沒錯吧！
太好了！鎮長一定會很開心的，還想說是不是永遠都看不到真的貓了。
你們真的會說話耶！請你們務必要過來一趟。

……只要找來這些人和符合這些條件就願意過來嗎？
雖然還要跟上面確認，不過應該沒什麼問題。
灰米沒問題嗎？要進到別人準備好的室內空間……
也該……
也該出現了呢，所謂的愛貓人。
就是說嘛！根據統計，每五個人就有一個喜歡貓耶！
她說是鎮長耶，或許可以直接拿下一個鎮喔。
喂喂喂，這樣的話，我或許可以直升好幾階耶！
描繪美好未來
…
灰米大將軍之類的

是否需要針對各處調查貓咪團體之間，是否有相互歧視的問題。
確實，歧視是人類以前階級與威權下的產物，他們可是經過幾百年才學到教訓，為此也消耗相當多的社會成本。
我們也要密切注意是否有此情況出現。
有些新的區域需要更多的偵查小隊，大部份都在你負責的國家，你有特別想挑怎樣的隊伍嗎？
喔喔！
那…就幫我找一些黑貓跟玳瑁貓去吧！我記得上次統計，他們偵查時，被發現的機率都很低吧？
跟被領養的機率一樣低，哈哈哈
…好

鎮長廳
一位藝術家看到他的貓想吃罐頭卻打不開而想扔罐頭出氣，因而將畫面雕刻出來。
看來…真的是個愛貓的人呢…
嗚哇…
這樣也好，順利的話應該可以直接拿到戰利品，若是鎮長直接支持我們，對這個鎮的人民影響是很大的。
你真的不怕被抓起來啊！雖然我是不怕…

放心吧！各國對動物保育法制定的非常嚴格且一致，非相關單位是不能監禁寵物的……
所以現在想直接溝通可能是最好也是唯一的時機了。
這裡是會議室，鎮長已經在裡面等你們了。

哈哈哈，歡迎歡迎！
我請廚房準備了很多吃的，千萬不要客氣。
自從三年前你們消失以後，我才注意到貓。
才發現貓是多麼可愛的動物…
那時開始我就不斷收集各式各樣的貓造型物品，這組茶具就是其中一個。
再怎麼愛貓，這種造型也買不下去吧…
設計這個的人是有反社會人格嗎？

這種事一點都不重要啦！還是先把約好的事情完成，展現你的誠意。
咬咬咬
就是說嘛
哈哈哈，我知道了！
嚼嚼嚼
妳請他們進來吧！
好的。
……
啊，有貓耶！

你現在都是在種植青蔥洋蔥類的蔬菜對吧？
不耐煩
是啊，所以呢？
是這樣的，你也知道最近貓又開始出現了…
誰知道啊，我倒希望來幾隻狗幫我做事。
拜託一下啦
而剛好你種的蔬菜對貓來説都有毒，想説你要不要換一下別的種…？
蛤？
啊…
……
頭也不回
那個…我種的東西應該不會對貓有危險才對啊…
啊啊，你啊，根據我手上的統計資料。

你的狀況嘛…
落地
摩擦
摩擦
同伴決定
呃…怎麼了嗎？
緊貼

你種的青椒茄子胡蘿蔔，盡是些人類小孩討厭的蔬菜，就是在暗示你也對人類有相當的不認同吧？
你掩飾得再好還是會反映在行為上啦！
不不不…我只是單純的喜歡這些蔬菜而已啊…
咦？但這張國家統計報告，小學生最討厭的東西前三名，剛好就是你種的三樣蔬菜啊…？
該不會想告訴我這是巧合吧…哈哈哈
國家統計
小學生最討厭的東西
1. 青椒
2. 茄子
3. 紅蘿蔔
4. 開學
5. 變成大人
6. 寫功課
7. 被別人決定自己的人生
誰啊？擅自做這種過分的統計！這國家資訊公開的太過頭了吧！而且為什麼第四個之後就跟食物無關啊？
寧可開學也不要吃蔬菜嗎？
竟然這麼早就預謀和貓合作，真有你的…
放心吧，我不會說出去的。
誰要和這麼過分的動物合作啦！
記得說我不是跟你同一邊的啊！
即使要與全國的小孩為敵，還是堅持種自己喜愛的蔬菜…你，是真正的農夫！
我本來就是農夫啦！
你少擅自認定沒有一個小孩喜歡我種的蔬菜！

土地為什麼不做點更有效的利用呢…？養養豬牛羊之類的啊，還是把地讓給別人吧…
冷言冷語
那只是你想吃而已吧？
妳的表情比那統計報告還要傷人啊！
我要回去了啦！
奪門而出
嗚嗚嗚
你現在走了，就只是一個單純被小孩討厭的人了啊！
管理真的是不容易啊。
就是說啊！
哈哈哈
喀

如何？就從和我們這個鎮達成協議開始吧！你們的訴求我也會全力幫你們宣傳的。
嗯？啊啊……是啊。
請廚房多拿一些料理跟飲料過來。
我說歪桔……
嗯？
你不覺得他雖然有很多有關貓的藝術或商業作品……
但卻很少一般貓的照片或是畫像之類的……
啊啊，也是有這種人吧！只喜歡貓的商品，卻一點都不打算養貓，就像喜歡咖啡口味的零食卻不喜歡喝咖啡……
磅啷！

啊……啊啊
咚
嗚啊啊啊啊——！
易碎物品要放好啊。
他放得很好啊……

這個茶具組是他連續兩年不斷投明信片，好不容易才抽到購買資格……
都我幫他處裡的所以我知道…花了好幾萬塊。
這個鎮是真的有這麼好管理嗎？
給我發揮秘書的功用阻止他啊。
哈哈哈不用擔心！我們身上有很多魔法罐頭啦。
拍拍
只要用這個回復魔法罐頭。
回復魔法罐頭
-物品用-
居家修繕自己來
不用滿身大汗
咻一下就恢復原狀囉！
啪咖
噗嘶

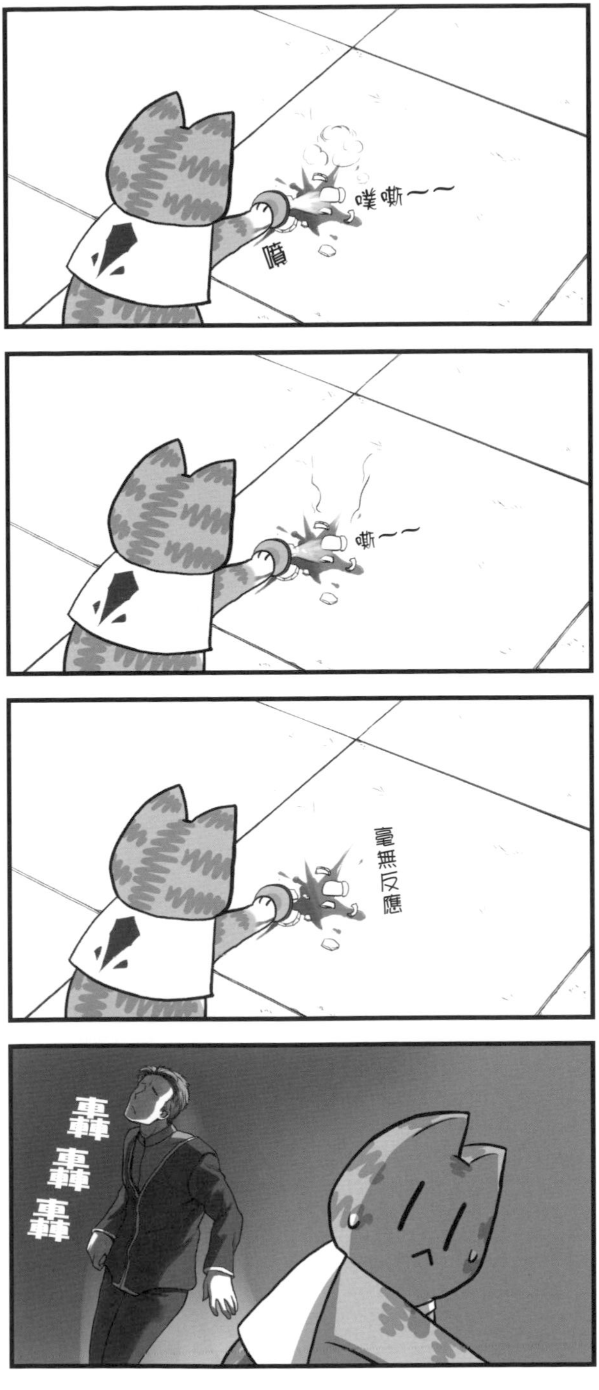
噗嘶～～
噴
嘶～～
毫無反應
轟
轟
轟

這批限定茶具組…
是請魔法師用了不能修復的魔法加持。
無法修復魔法 buff 中
不要把魔法用來做這麼多餘的事啊。
而且這不叫加持吧。
對收藏價值的加持。
好啦！我們小隊中還有一個招喚師，一定有方法可以弄得好啦。
呵呵呵
是煉金術師啦…
灰米你也真是的，早點找我不就好了嗎？何必讓場面變得這麼僵…
這樣人類會對我們的能力存疑的…

交給我吧，我的煉金術可是能穿越時空，創造無限可能的能力啊！
沒這種煉金術吧
等價交換呢？
嗡
回應我的呼喚出現吧！修復萬物之神器！
這怎磨看都是在用魔法啊。
咻啵！

光速膠（濃）！
光速膠 濃
出現
只要在碎片的邊緣塗上一些…
擠
然後其他碎片也用同樣方式組合起來…
黏黏黏
完成了！這就是煉金術的力量！
是化工的力量吧

可是我做的這麼醜，鎮長一定不會喜歡這個的啦⋯
還是扔了吧！
你在說什麼啊，你這麼用心修好這個杯子，他一定能感受到你的心意的！
真⋯真的嗎？
當然啊！要有自信。
走吧！我們趕快拿去給鎮長看，他一定會很高興的！
嗯⋯
鎮長鎮長，歪桔有東西要給你⋯
期待 期待

!?
看…
果然…你們只是有著可愛的特徵
本質上根本就是野獸呢…
無法相處的啦！
想跟你們合作是我太傻了…秘書！
是!?
發出公告，我們鎮的立場是反對一切貓的聲明與搶奪行為！
哼…不過是流浪貓，竟然想與人類搶資源…
傻
傻
不然你們還期待什麼？

這次真的太可惜了，差一點就直接和城鎮結盟。
不過沒關係，剛剛那個狀況本來就沒辦法做什麼。
這點失敗本來就在預料之中。
雖然我們小隊犯了一些失誤，但別放在心上，下次再努力就好了，回報中央的報告我會寫清楚的。
你少擅自結論為小隊失誤啊！你的報告寫好我要先檢查！

限定貓咪造型茶具組

特色：數量限定，
　　　損壞無法修復，
　　　貓咪愛好者中超人氣。

目前為止…通報的貓相關案件有多少？
是的！
從第一件通報開始，到現在共一千五百七十二件（一個月）。
所以加上沒通報的應該還有更多…以前貓的數量有多少啊？
三年前統計約十二萬隻。
假設他們活在其他地方，這中間應該會有相當數量的增加…該怎麼說呢…
速度很慢啊…只是想單純地騷擾我們嗎？還是在分散我們的注意力？
先聯絡其他國家看有沒有類似情況。
是！

慢死啦～～～！
為什麼進展速度這麼慢啊？
沒辦法啊，貓的休息時間實在太長了⋯
一天十幾個小時
而且行動的時間也是讓各個小隊自由安排的。
問題就出在這邊啊！
空位
嘆氣！
而且現在這會議的出席也是自由參加的。
顏色而已還好啦！
自由過頭啦！這樣我們乾脆繼續當家貓就好了啊？反正一樣自由！
空位
這樣不行啊⋯雖然有魔法適性這些優勢。
不想辦法加速行動的話⋯人類很快就會從驚慌中振作起來⋯

今天來作蔬菜湯好了。
咦～～～～～～～～～～
另外會再烤一些肉的啦。
那好吧。
可以接受
南瓜
番茄
蘿蔔
甜椒
先用奶油翻炒一下釋出甜味。
歪桔不要偷吃奶油
裡面的奶油沒有被舔過吧？
舔舔

加入滾水中…
倒
露沐妳試喝看看吧，沒有蔬菜的臭味啦！
這麼快喔！
…
舔
嗯…與其說沒有菜味，不如說…根本沒味道啊…
呵呵，被發現了嗎？

因為蔬菜的精華…
都還在蔬菜裡…
那就給我煮久一點，把味道溶進湯裡啊！
貓咪多喝水嘛。
最後加一些柴魚粉提味…
好歹也加了那個再叫我喝啊…
嗯？
反正不管怎樣你們都會出來就是了？
蠢蠢欲動

補給車
那你們要補充哪些東西呢？
每種肉的罐頭都先來五個！
有魄力
住手啊！想害我們滅團嗎？
申請數量是有限制的啊
幫我準備這清單上的吧。
修復罐、綜合蔬菜、牛肉罐、魚罐、貓薄荷…
嗯，這些都沒問題。
嘖！

……
Cat mint
怎麼了？
其實我還滿喜歡種些花花草草的……
要是這些都結束了，我也來種種貓薄荷賺錢好了。
哈哈，那還要好一陣子耶。
好啦！都在裡面了
唉唉
沙！
驚

鳴喵！
咻
碰
在哪裡……
我的……

我的貓在哪裡？
嚇
啊…
噗嚕嚕嚕
先閃啦！
歪桔掩護！
啊…好！
救我啊~
嗒嗒
罐頭煙霧
料理用
嗡~
？
咻
咻
嗒
沙沙

嘶
喀
噗嘶
啪！

…
要先撤退嗎？
…她能和我們保持這麼近的距離而不被發現，表示她對貓有相當的了解，先試著將她制伏再說…
那我就一隻一隻來問吧…

只能邊打邊試了。
幫我製造破綻！
嘶
咻！
撞
!?
沙沙

……
嗡～
咻
得手了！
喵嗚？
揮空

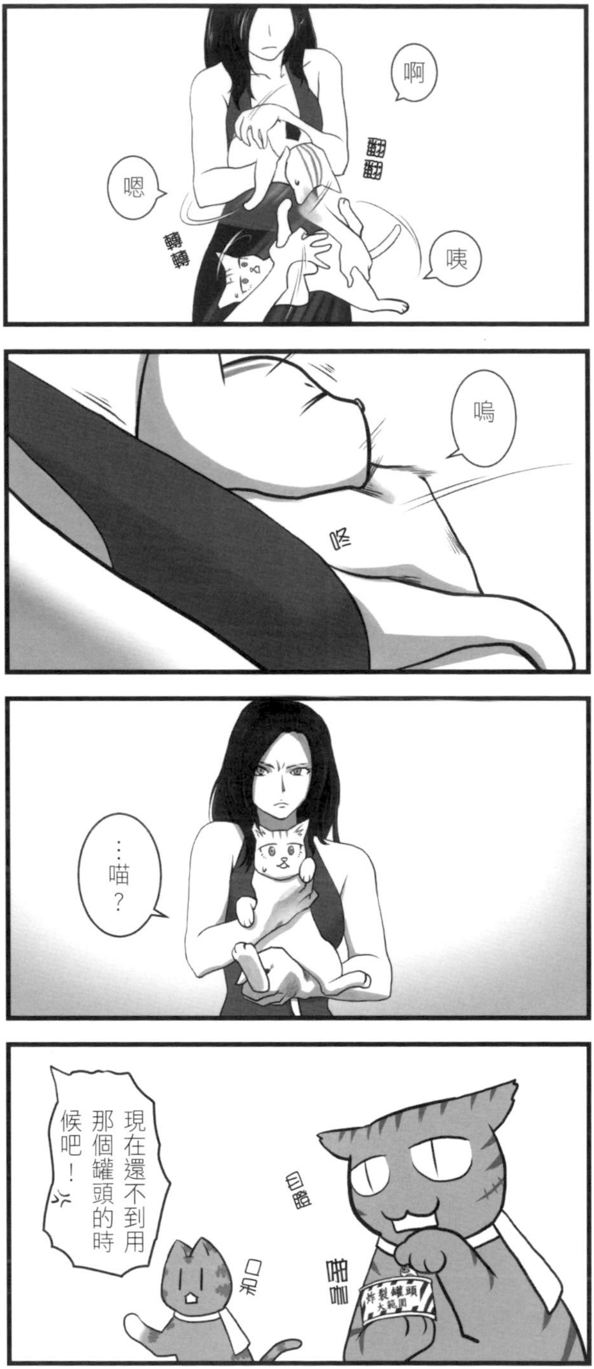
啊
翻翻
嗯
轉轉
咦
嗚
咚
……喵？
現在還不到用那個罐頭的時候吧！
目瞪
口呆
啪咖
炸裂罐頭
大範圍

算了吧！你們是對付不了她的。
!?
她是高段柔術和合氣道的專家，同時也是…
我的飼主。
…
啊…
啊啊…
喵！
丟

我…
我們回家吧！我…我真的好想你…
我有準備了好多你喜歡吃的東西…
妳說…
要我回去那個家…？妳該不會忘了…
妳以前都做了些什麼吧…

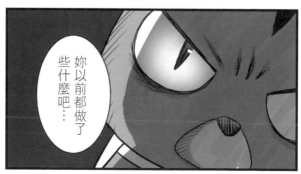

以前每天都只能吃一個罐頭…而且還是主食罐，玩具一個月才有一個新的。
光想到就害怕
還每天給我刷牙，又剪我的指甲…我…我根本就沒有身體的自主權…

我知道了！不管要吃多少個罐頭都可以，也不用剪指甲跟刷牙了！
不要答應這隻垃圾家貓的要求啊。
每隻貓都有選擇自己生活方式的權利，我不會說三道四的，不過你回去當家貓好嗎？以前過這麼爽，現在對我們也不會有什麼幫助的。
我會有幫助的啦！
講出來也是需要勇氣耶
磨蹭
磨蹭
你以前也最喜歡躺在我的胸口上睡覺了啊！你忘了嗎？
閉嘴啊！不要在我同事面前講出來啦！
嘿～這樣啊！
果然每個物種都有很沒用的個體呢……
每隻貓有些過去跟癖好沒礙到什麼人吧！

不跟妳講了！
總之我是不會跟
妳回去的⋯
不⋯
我⋯
我不管我不管我不管我不管好不
容易才找到你！至少讓我
抱一下嘛！不然我就一直
跟蹤你，追在你後面！
趴嗒
趴嗒
咦咦!?
你就讓她抱一下趕快
解決這件事好嗎？
當作以大局為重之類的
我們的大局
怎麼感覺不
太重要啊！
可以嗎？

就抱一下喔…
好…
嗯~~~~~~~~~
緊抱
聞聞聞
捏捏捏
咖咖咖咖咖…

妳剪我指甲做什麼啦!?
不然會抓壞家俱嘛！
荒郊野外是有什麼傢俱啊！
該死速度有夠快
我現在真的很想衝回去抓爛你的衣服啊！
對了！我有東西可以讓你帶著…
又怎麼了…
這條我的毛巾拿去吧！我怕你沒聞到我的味道沒安全感睡不著。
妳說誰是要去寵物旅館的貓啊！不需要啦！
但他們兩隻看起來很喜歡耶？
喔喔這個味道太讚
嘶～
那是他們有別的問題啦！
哈～

拿來啦！
啊！
抖…
抖！
…
這樣該滿足了吧！若是真的希望我趕快回去…
就不要擋在我們前面！
想回來隨時都可以喔…！

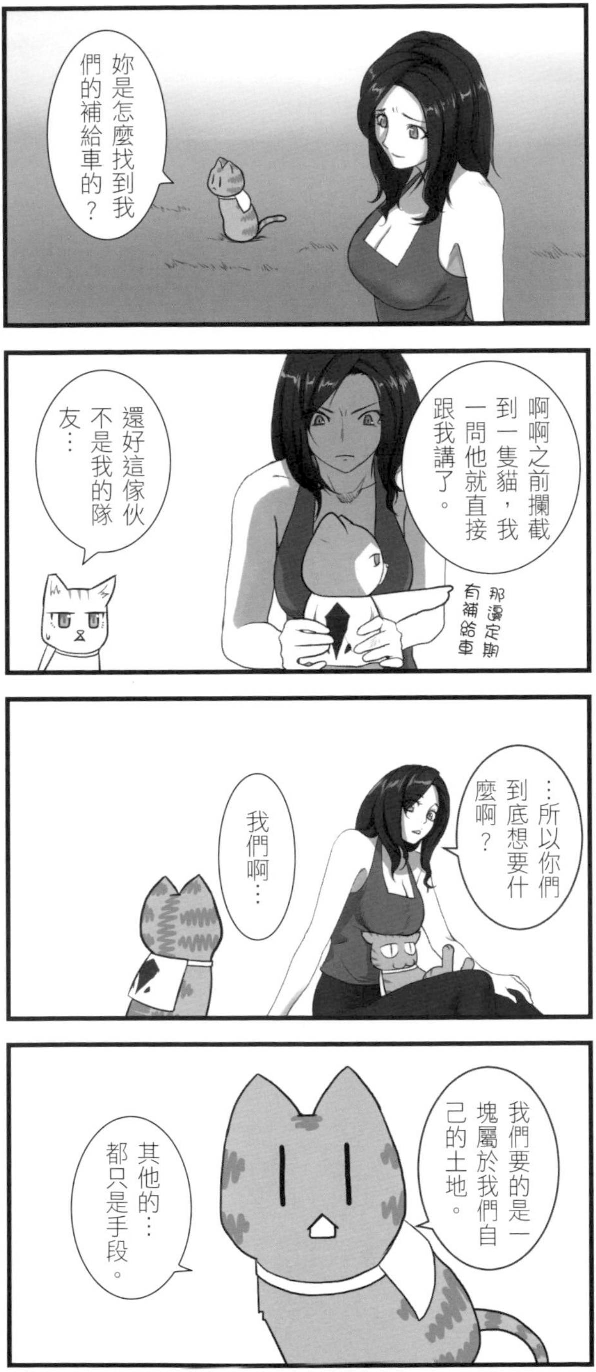
妳是怎麼找到我們的補給車的？
啊啊之前攔截到一隻貓，我一問他就直接跟我講了。
那邊定期有補給車
還好這傢伙不是我的隊友…
…所以你們到底想要什麼啊？
我們啊…
我們要的是一塊屬於我們自己的土地。
其他的…都只是手段。

你們自己的土地嗎…？
嗯，目標是讓各個大陸都有我們自治的區域。
嗯…在這個崇尚自由意志的時代嗎…？
可能是最好…或是最壞的時機呢。
不過沒想到你們真的會用魔法耶！
其實我滿驚訝的…
這個啊！
應該是因為我們算是較偏向自然的動物吧，反而是人類，沒有戰爭之後，會用魔法的人越來越少了。
是耶…最近真的很少看到魔法師之類的了。

補給車

能源類罐頭驅動

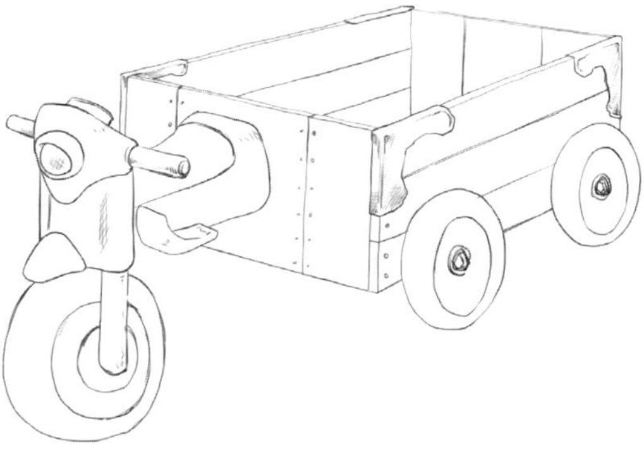

喔喔…他就是看到招募而來的人嗎？
是的。
但這些貓可不是一般的小動物啊，他們還會用魔法，只是壯可是不夠的啊！
根據他本人說法…
他和各種類的貓科動物都有相當多的近距離交手經驗。
哈哈哈！感覺真可靠啊！

呵呵呵…死貓，絕對要把你們抓回來！雖然還沒想到抓回來要做啥，但這口氣吞不下去啊！
咦？
他臉上的傷疤是怎麼來的啊…？
跟猛獸戰鬥的關係嗎？
關於這一點，他本人也有說明，是在面對兇猛的老虎時…
因為覺得老虎太可愛想衝上去抱，結果被揮了一掌…
嗯？

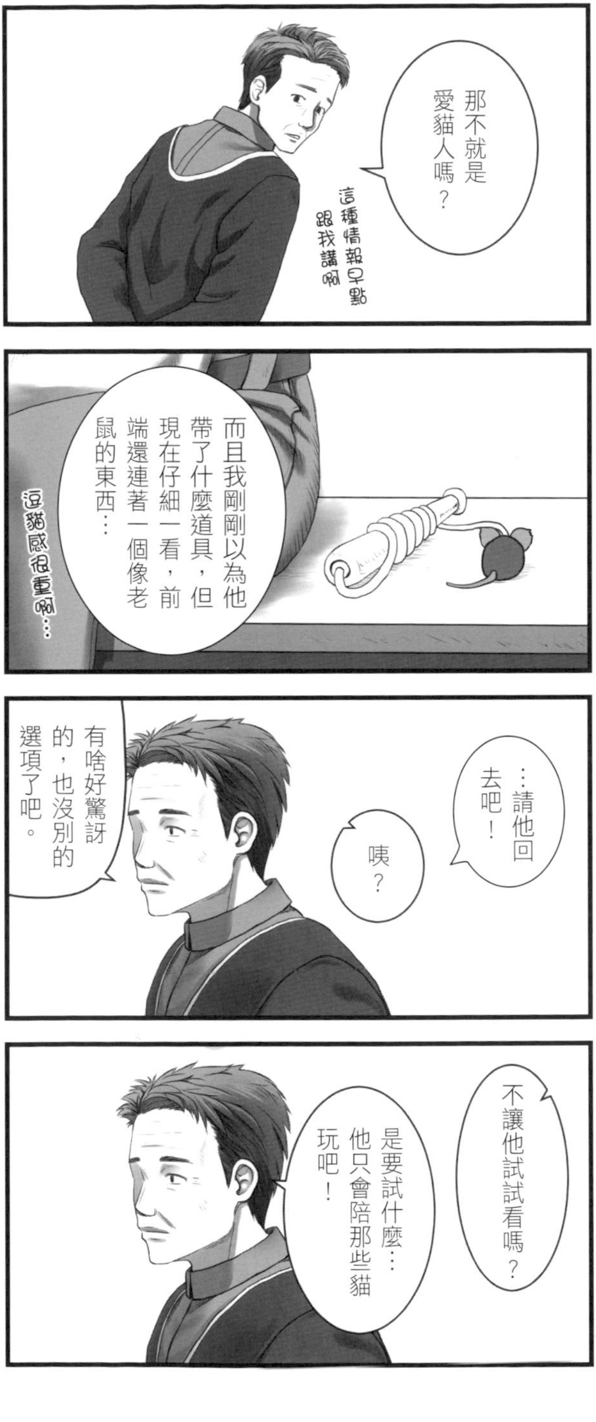
那不就是愛貓人嗎？
這種情報早點跟我講啊
而且我剛剛以為他帶了什麼道具，但現在仔細一看，前端還連著一個像老鼠的東西…
逗貓感很重啊…
…請他回去吧！
咦？
有啥好驚訝的，也沒別的選項了吧。
不讓他試試看嗎？
是要試什麼…他只會陪那些貓玩吧！

……可以看到貓咪了嗎？

接下來要去哪一間咧…
好麻煩喔…有沒有簡單又快的方法啊？
太沒幹勁了吧…行動才剛開始沒多久耶。
或是等到房子沒人再進去好了~哈哈哈。
那不是變小偷了嗎？
沒意義了啊！
不然直接找路人如何？
不過有價值的東西都放在家裡吧…
啊!?

這就是最近流傳的到處惡作劇的貓嗎…
灰米…再提醒我一下我們在幹嘛…
我只是個研究學生，身上並沒有什麼值錢的東西喔…
是這樣嗎？
咦？
你不是…

還有智慧嗎？
告訴我吧！站上金字塔頂端的方法。
啊啊～確實呢！
這樣就開心了嗎？
講點什麼我們不知道的事情嘛！
咦？
呃，啊……
快點
快點
嗯…你突然這麼講…
那這個怎麼樣…？

你們所站的大地，
實際上……
是圓的！
你……
你說什麼？
這個平地……
實際上是
圓的……？
我是早就知道
了啦……
不……
不會吧……

思考中
啊～～～可以理解啦。
應該說也只能這樣
咦咦～～～！
竟然這麼短的時間就能理解這件事情，這些貓太恐怖了！但⋯
他們現在是想表達什麼⋯？
⋯⋯

果然你身上什麼有用的都沒有，還是告訴我你家在哪吧！改天去拜訪一下。
我才不要
好過分
拒絕的話就要餵你吃這個燃燒罐頭喔～
……
啊！
嗒嗒嗒嗒嗒
全速逃離現場
突發事件不是你可以單方面結束的啊。
這四眼仔跑的還真快……
我對我們行為的正當性越來越懷疑了啊……
嘖

呼～呼～～嚇死我了，沒想到被貓包圍這麼恐怖…
好喘！太久沒運動了！
啊！
警察先生！
！
終於有事件了嗎？一直這麼和平我真的是快受不了了，
無聊到想換工作
那邊，那邊有…
太和平是好事吧！

那邊出現了三隻貓…
什麼？
貓終於出現了嗎？他們有攜家帶眷嗎？你有沒有給他們一些食物？
不不不，現在可沒有在講什麼絕種動物復育成功的話題啦！
而且他們還想要去我的家…
喔喔！
確實呢…有時候流浪動物就只是想要一個家而已。
我們真的很幸福
…不要讓我覺得這麼慚愧好嗎？

他們還叫我跟他們說一些他們不懂的事。
嘿～那你跟他們說什麼？
…地球是圓的…
然後他還想餵我吃燃燒罐頭…
誠實以對

啊哈哈哈～～～！笑死我了，果然沒事應該多跟居民交流的！
你這樣是妨礙公務啦！
他們真的很危險啦！
喵！
哇，真的是貓耶！
喵～～～
啊啊…就是這隻貓…而且他好像還是隊長的樣子…
原來你是撒嬌大隊長啊。
好乖喔！
喵喵～
你到底是怎麼通過警察考試的？
無法溝通啊！

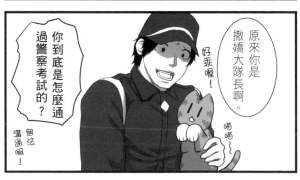

啊，他在跟你撒嬌耶～
喵～嗚～～～～～
……！
他好像拿了什麼東西…
喵～
火焰燃燒鮭魚罐…你說的燃燒罐頭是這個吧？他是肚子餓想叫你幫他開罐頭啦！
喵喵
貓拿罐頭叫你幫忙開這件事情本身就很奇怪吧。
算了，我懶得解釋了…
備案！那我要備案總可以了吧？
咦…好麻煩喔…我可是很忙的耶。
你剛剛不是說你很閒嗎！

那你填一下資料吧。
⋯喔，你住在光湖街18號啊，不就在雜貨店斜對面而已嘛！
個資完全外洩
不要這麼詳細的給我講出來啊！
啊！你看這隻貓在作筆記了啊！
動筆
動筆
咦⋯不會吧！難道你說的是真的⋯？
啊啊~他只是在地圖上把位置圈起來而已，貓不會寫字啦！
更恐怖啊！
他還畫了一個星星記號耶！

啊…他跑掉了啦！之後一定會跑來我家……！
快步離開
…
果然貓也是這個社會的一份子呢…
…！
當天晚上
該死…睡不著！

此世界無開採石油

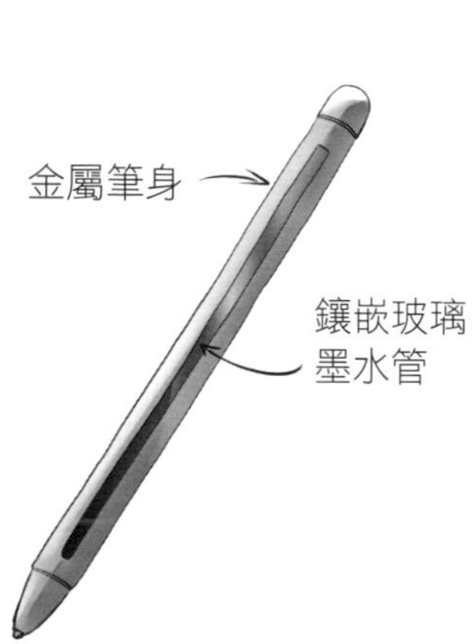

剛剛沒穿披風
感覺有點不好意思耶……
……
啊～
我懂我懂

歪桔，你的魔法什麼都能招喚出來嗎？
嗯？妳說煉金術嗎？
……對。
我只能叫出已知位置的東西…
例如…
事前我收起來的罐頭或物品。
鮭魚肉干隨身包
出現
你什麼時候偷藏了這個東西？
但我最近發現還有別的應用。
？

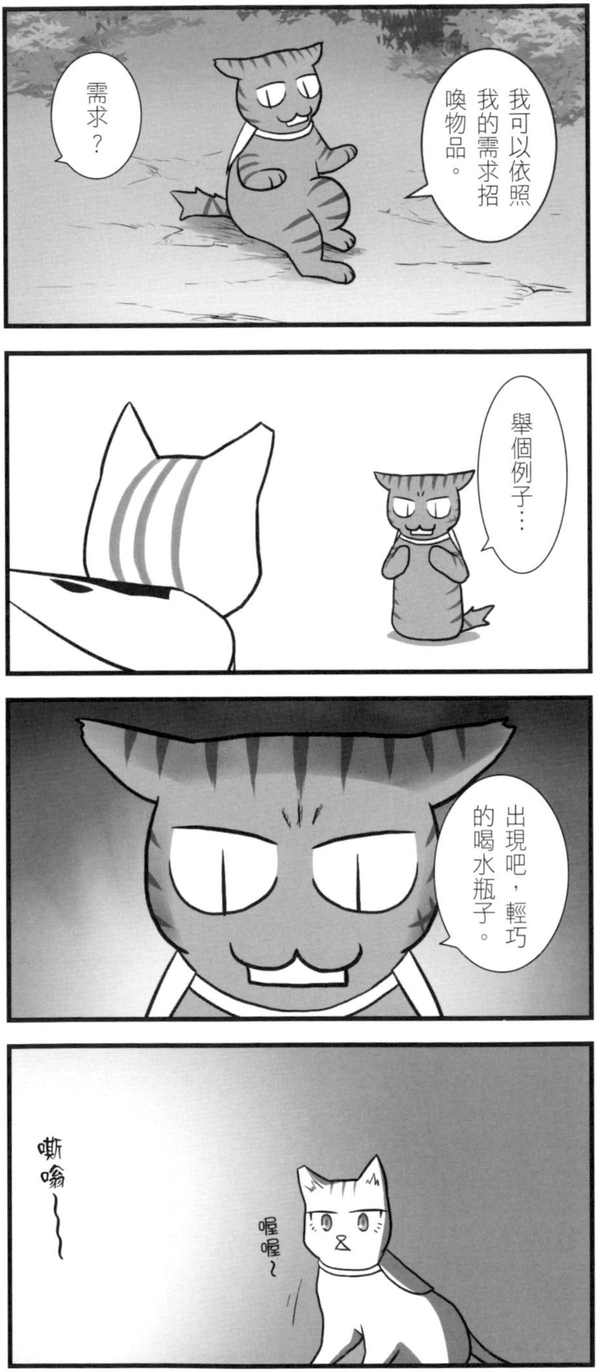
我可以依照我的需求招喚物品。
需求？
舉個例子…
出現吧，輕巧的喝水瓶子。
喔喔～
嘶嗡～～

出現
這種時候就常常跑出我沒看過的東西…
真的耶！好輕喔，雖然透明卻不是玻璃…
也沒聽過哪個國家有生產類似的東西…
喔！這樣可以喝水耶！舔上面的小珠子就有水跑出來。
舔舔舔
露沐你要不要試試看？
不、不用了…
怎麼覺得哪裡不太對

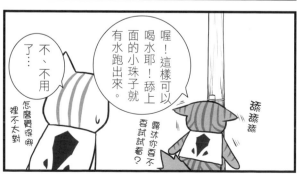

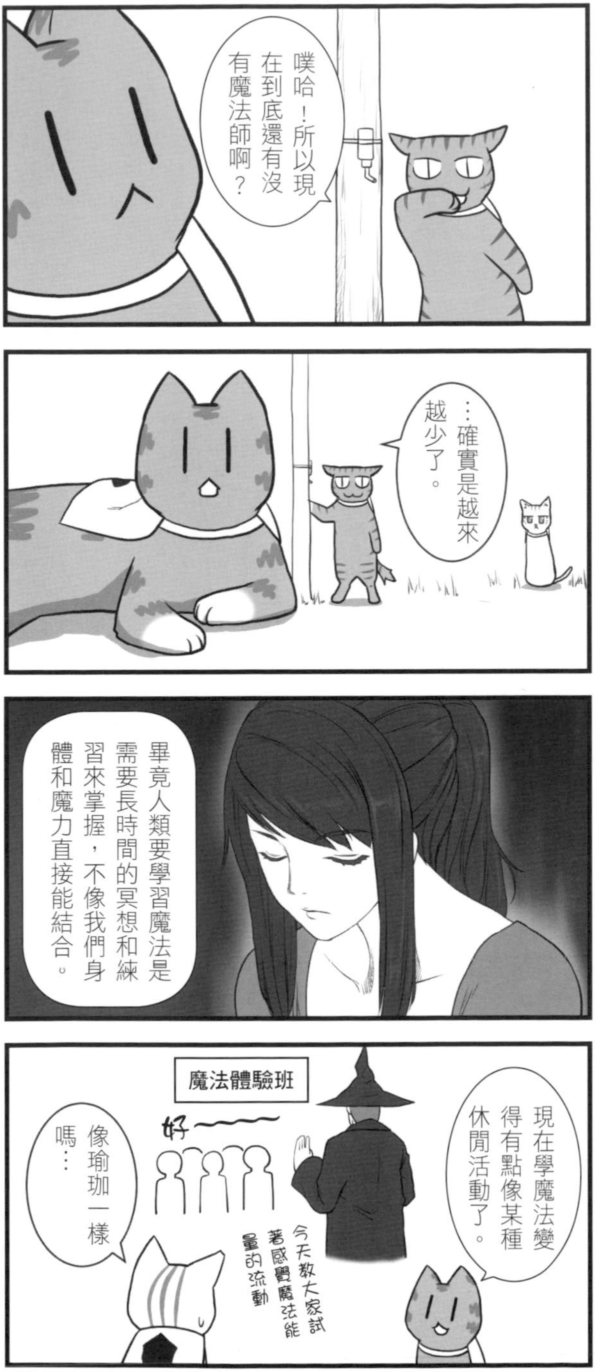
噗哈！所以現在到底還有沒有魔法師啊？
…確實是越來越少了。
畢竟人類要學習魔法是需要長時間的冥想和練習來掌握，不像我們身體和魔力直接能結合。
魔法體驗班
現在學魔法變得有點像某種休閒活動了。
今天教大家試著感覺魔法能量的流動
好～～～～
像瑜珈一樣嗎…

不然他們都是去協助魔法罐頭的開發…
那我們的這些魔法罐頭是哪來的啊？
之前從人類廢棄倉庫那邊偷來的啊。
咦咦？是這樣喔？
這些都是人類剛開始做魔法罐頭的試作品，品質滿參差不齊的。
他們把這些封存起來沒有處理掉，偶然被我們發現。
目前為止好像都還沒發現（笑）。

話說回來，感覺要達成目標還有好久喔⋯
是啊⋯但為了之後貓的未來⋯
躺
只要持續下去，一定能讓人類注意到這些行動背後的意義，現在⋯
先來吃飯吧！

次回預告

附錄

凱特琳娜 & 瑞莎

瑞莎小姐，如同我在信中講的，我們養了一隻小貓，但我們在東南亞的工廠臨時出事急需我們去處理。
而且可能要好一陣子…
我們四處詢問，每個人最推薦的御貓女僕都是妳，而且妳有全時照顧貓的服務，所以我們才想請妳來。
他們也都說妳是最厲害的…
…
確實，若我說我是這行之中最差的，那應該沒人敢說自己是御貓女僕了。
這…這樣啊…

除了合約內容，有特別希望我怎麼做嗎？
只要全力完成貓的需求就好了！
這期間都可隨意使用這房子的家電，只要是貓的開銷我們都全額負擔。
……若是你們沒其他問題，請先在這份合約上簽名吧。
貓 特殊照護契約
…
喵～喵～
喵喵～
……那是她嗎？
對！我去把她帶過來。

喵喵咪～！（所以說我要抱抱啦！）
凱特琳娜，把拔馬麻要出去一陣子，這個姊姊會照顧妳喔～
乖乖，來抱抱喔～
抱
！
我聽得懂她說的話…？
喵咪～～（等一下我要吃肉泥）
呼嚕
搓搓搓
真不愧是專家
呼嚕
這傢伙…
很麻煩！
可以利用！

後記

謝謝大家買這本漫畫，
我相信大家看完之後對這本漫畫還有很多疑問，
更多內容就留到第二集之後吧！（假設有的話～）
之後也請大家繼續支持罐頭鮪魚喔！

SDS

國家圖書館出版品預行編目資料

罐頭鮪魚：極速配送篇/ SDS著. -- 初版. -- 臺中市：晨星, 2018.06

面；　公分. -- (LIFE CARE；15)

ISBN 978-986-443-437-4(平裝)

1.貓　2.漫畫

437.36　　　　107004914

LIFE CARE 15

罐頭鮪魚：極速配送篇

Can And Tuna：Extreme Express

作者	SDS
主編	李俊翰
封面圖檔	SDS
封面構成	張蘊方
美術設計	張蘊方
創辦人	陳銘民
發行所	晨星出版有限公司 407 台中市西屯區工業三十路 1 號 1 樓 TEL：04-23595820 FAX：04-23550581 E-mail：service@morningstar.com.tw 行政院新聞局局版台業字第 2500 號
法律顧問	陳思成律師
初版	西元 2018 年 6 月 1 日
總經銷	知己圖書股份有限公司 106 台北市大安區辛亥路一段 30 號 9 樓 TEL：02-23672044 / 23672047 FAX：02-23635741 407 台中市西屯區工業三十路 1 號 1 樓 TEL：04-23595819 FAX：04-23595493 E-mail：service@morningstar.com.tw 網路書店 http://www.morningstar.com.tw
讀者專線	04-23595819#230
郵政劃撥	15060393（知己圖書股份有限公司）
印刷	啟呈印刷股份有限公司

定價 250 元

ISBN 978-986-443-437-4

◆讀者回函卡◆

姓名：________________ 性別：□ 男 □ 女 生日：西元 / /

教育程度：□國小 □國中 □高中/職 □大學/專科 □碩士 □博士

職業：□ 學生 □公教人員 □企業/商業 □醫藥護理 □電子資訊

□文化/媒體 □家庭主婦 □製造業 □軍警消 □農林漁牧

□ 餐飲業 □旅遊業 □創作/作家 □自由業 □其他________

E—mail：____________________________ 聯絡電話：________________

聯絡地址：□□□____

購買書名：罐頭鮪魚：極速配送篇

・本書於那個通路購買？ □博客來 □誠品 □金石堂 □晨星網路書店 □其他_____

・促使您購買此書的原因？

□於 _______ 書店尋找新知時 □親朋好友拍胸脯保證 □受文案或海報吸引

□看__________網路平台分享介紹 □翻閱 __________ 報章雜誌時瞄到

□其他編輯萬萬想不到的過程：________________________________

・怎樣的書最能吸引您呢？

□封面設計 □內容主題 □文案 □價格 □贈品 □作者 □其他 __________

・您喜歡的寵物題材是？

□狗狗 □貓咪 □老鼠 □兔子 □鳥類 □刺蝟 □蜜袋鼯

□貂 □魚類 □烏龜 □蛇類 □蛙類 □蜥蜴 □其他________

□寵物行爲 □寵物心理 □寵物飼養 □寵物飲食 □寵物圖鑑

□寵物醫學 □寵物小說 □寵物寫眞書 □寵物圖文書 □其他________

・請勾選您的閱讀嗜好：

□文學小說 □社科史哲 □健康醫療 □心理勵志 □商管財經 □語言學習

□休閒旅遊 □生活娛樂 □宗教命理 □親子童書 □兩性情慾 □圖文插畫

□寵物 □科普 □自然 □設計/生活雜藝 □其他 ________

感謝填寫以上資料，請務必將此回函郵寄回本社，或傳眞至(04)2359—7123，

您的意見是我們出版更多好書的動力！

・其他意見：

※填寫本回函，我們將不定期提供您寵物相關出版及活動資訊！

晨星出版有限公司 編輯群，感謝您！

也可以掃瞄QRcode，

直接填寫線上回函唷！

請填妥後對折裝訂，直接投郵即可，免貼郵票。

廣告回函
台灣中區郵政管理局
登記證第267號
免貼郵票

407

台中市工業區30路1號

晨星出版有限公司

LIFE CARE

請沿虛線摺下裝訂，謝謝！

更方便的購書方式：

(1) 網站：http://www.morningstar.com.tw

(2) 郵政劃撥　帳號：22326758

　　　　　　戶名：晨星出版有限公司

　請於通信欄中註明欲購買之書名及數量

(3) 電話訂購：如為大量團購可直接撥客服專線洽詢

◎ 如需詳細書目可上網查詢或來電索取。

◎ 客服專線：04-23595819#230　傳真：04-23597123

◎ 客戶信箱：service@morningstar.com.tw

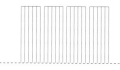